Enzo Emanuel Raimondo
María Soledad Fuentes
Claudia Susana Benimeli

Estrategias para la remoción de lindano en suelos contaminados

Enzo Emanuel Raimondo
María Soledad Fuentes
Claudia Susana Benimeli

Estrategias para la remoción de lindano en suelos contaminados

Empleo de residuos agroindustriales y actinobacterias para biorremediar suelos contaminados con lindano

PUBLICIA

Imprint

Cover image: www.ingimage.com

Publisher:
PUBLICIA
is a trademark of
International Book Market Service Ltd., member of OmniScriptum Publishing Group
17 Meldrum Street, Beau Bassin 71504, Mauritius
Printed at: see last page
ISBN: 978-620-2-43238-2

ESTRATEGIAS PARA LA REMOCIÓN DE LINDANO EN SUELOS CONTAMINADOS

Enzo Emanuel Raimondo[1,2], María Soledad Fuentes[1], Claudia Susana Benimeli[1,3]

[1] Planta Piloto de Procesos Industriales Microbiológicos (PROIMI-CONICET), Avenida Belgrano y Pasaje Caseros, 4000 San Miguel de Tucumán, Tucumán, Argentina.

[2] Facultad de Bioquímica, Química y Farmacia, Universidad Nacional de Tucumán (UNT), Batalla de Ayacucho 471, 4000 San Miguel de Tucumán, Tucumán, Argentina.

[3] Facultad de Ciencias Exactas y Naturales, Universidad Nacional de Catamarca (UNCA), Avenida Belgrano 300, 4700 San Fernando del Valle de Catamarca, Catamarca, Argentina.

enzo_er_25@hotmail.com (Raimondo E.E.)

soledadfs@gmail.com (Fuentes M.S.)

cbenimeli@yahoo.com.ar (Benimeli C.S.)

ÍNDICE

RESUMEN

El lindano es un plaguicida organoclorado que, a pesar de estar prohibido en muchos países debido a su elevada toxicidad, persistencia en el ambiente y acumulación en las cadenas tróficas, aún se detecta en matrices ambientales (suelo, agua y aire) y en tejidos humanos y animales.

Por ello, surge la necesidad de sanear los sitios contaminados, y el proceso de biorremediación representa una alternativa adecuada para este fin. La biorremediación empleando consorcios de actinobacterias demostró ser promisoria para la depuración de suelos contaminados. Otra alternativa para remover xenobióticos consiste en utilizar residuos agroindustriales, cuya aplicación estimula la actividad microbiana, incrementando su capacidad para degradar contaminantes orgánicos.

En el presente libro, se estudia la biorremediación de diferentes tipos de suelos contaminados con lindano mediante la bioaumentación con actinobacterias y la bioestimulación con residuos agroindustriales regionales.

Inicialmente, se evaluó la remoción de lindano en microcosmos de suelos no estériles de diferentes texturas [franco-limoso (SFL), arcilloso (SArc) y arenoso (SAre)], bioaumentados con el consorcio microbiano *Streptomyces* sp. A2-A5-A11-M7. Los mayores porcentajes de remoción del plaguicida (SAre: 70%; SFL: 36%; SArc: 31%) y recuentos de microorganismos heterótrofos se detectaron en los microcosmos bioaumentados.

Posteriormente, se optimizó el uso de bagazo y cachaza de caña de azúcar como agentes bioestimulantes, evaluando variaciones en el contenido de humedad (20 y 30%), porcentaje (2 y 10%) y tamaño de partícula del residuo (0,5 y 5,0 mm). Mediante un optimizador de respuesta, se obtuvieron combinaciones que lograron la máxima remoción del plaguicida en cada tipo de suelo. En todas las condiciones optimizadas, la disipación de lindano y los recuentos de microorganismos heterótrofos superaron los valores obtenidos en los suelos sin bioestimular. Además, la presencia de actinobacterias en los microcosmos bioestimulados mejoró el proceso de biorremediación respecto a los controles bioestimulados sin inocular.

Los resultados obtenidos sugieren que la biorremediación empleando simultáneamente actinobacterias y residuos agroindustriales representa una herramienta prometedora para restaurar suelos de diversas clases texturales contaminados con plaguicidas organoclorados. Además, ponen de manifiesto que la eficiencia de un proceso de biorremediación depende de las características del sistema en estudio, siendo, en el caso del suelo, la textura y las propiedades físico-químicas factores abióticos determinantes.

Palabras Claves: Actinobacterias; Biorremediación; Lindano; Bagazo y Cachaza de Caña de Azúcar; Suelos.

1. CONTAMINACIÓN AMBIENTAL

A lo largo de los últimos años, la gran actividad humana ocasionada por el crecimiento industrial y agropecuario aportó beneficios innegables para los seres humanos y mejoró sus condiciones de vida, principalmente en términos de salud, transporte, medios de comunicación, vivienda y rendimientos agrícolas. Sin embargo, estas actividades han desembocado en un serio y complejo incremento de la contaminación de los suelos, aguas subterráneas, sedimentos, aguas superficiales y aire, debido a la presencia de compuestos orgánicos (plaguicidas, plásticos, taninos polifenólicos, etc.) e inorgánicos (As, Cd, Cu, Pb, Cr, Hg, etc.) (Volke Sepúlveda y Velasco Trejo, 2002).

La contaminación se define como la presencia en el ambiente de cualquier agente (físico, químico o biológico) o bien de una combinación de varios agentes, en lugares, formas y concentraciones tales que sean o puedan ser nocivas para la salud, la seguridad o para el bienestar de la población, o bien, que puedan ser perjudiciales para la vida vegetal o animal, o impidan el uso normal de las propiedades y lugares de recreación y goce de ellos, y como tal, constituye uno de los problemas más críticos en el mundo actual (Domínguez-Guilarte y col., 2011).

La contaminación ambiental es uno de los principales problemas que enfrenta la humanidad (Escobar y col., 2016). La acumulación de compuestos tóxicos en el medioambiente ha originado numerosos problemas, entre los que se destacan el impacto perjudicial sobre los ciclos biogeoquímicos, la salud ambiental, y los efectos tóxicos sobre organismos vivos (Rayu y col., 2012). La magnitud del impacto negativo de los contaminantes depende de la concentración en la que se encuentren, de su persistencia y de su biodisponibilidad, pudiendo ocasionar desde efectos no letales, como el desplazamiento temporal de algunas especies, hasta la muerte de poblaciones enteras (Ramírez Romero y Mendoza Cantú, 2008).

Desde hace algunas décadas, la sociedad mundial comenzó a concientizarse sobre la problemática que significa la contaminación ambiental. Como consecuencia, empezaron a implementarse acciones con el fin de evitar nuevos problemas de polución. Por ejemplo, se prohibió o restringió la comercialización y/o uso de determinados compuestos (como plaguicidas, sustancias refrigerantes, etc.), se establecieron valores límite de metales y metaloides en aguas y suelos residenciales y de uso agrícola, y se comenzaron a investigar los efectos tóxicos de nuevos compuestos, tanto orgánicos e inorgánicos, utilizados en diferentes industrias y en agricultura, y que por lo tanto, pueden estar presentes en sus efluentes y/o desechos (BOE, 2015; IARC, 2015; LFRP N°24051, 1993; Vijgen y col., 2011).

Sin embargo, uno de los principales desafíos actuales es enmendar el grave problema ambiental de los sitios que ya han sido contaminados. En este contexto, es importante desarrollar tecnologías de remediación ecoamigables, capaces de depurar estos sitios y restaurar los ecosistemas afectados a causa de la acción antropogénica inapropiada. Es aquí donde la Biotecnología aporta ciertas herramientas o mecanismos para remediar la contaminación. La Biotecnología se define de acuerdo al Convenio sobre Diversidad Biológica de 1992, como "toda aplicación tecnológica que utilice sistemas biológicos, organismos vivos o sus derivados, para la creación o modificación de productos o procesos para usos específicos". Por lo tanto, la Biotecnología Ambiental se refiere a la aplicación de la biotecnología para la resolución, o remedio, de los problemas ambientales naturales, agrícolas y antropogénicos y a la conservación de la calidad ambiental (Gómez Cruz, 2010).

1.1. PLAGUICIDAS

El término plaguicida se refiere a una variedad de sustancias químicas capaces de matar organismos vivos, tales como bacterias, hongos, malezas, parásitos e insectos (Mokarizadeh y col., 2015).

El artículo 2° del Código Internacional de Conducta para la Distribución y Utilización de Plaguicidas, define a un plaguicida como "cualquier sustancia o mezcla de sustancias destinadas a prevenir, destruir o controlar cualquier plaga, incluyendo los vectores de enfermedades humanas o animales, especies indeseadas de plantas o animales que causan perjuicio o que interfieren de cualquier otra forma en la producción, elaboración, almacenamiento, transporte o comercialización de alimentos, productos agrícolas, maderas o alimentos para animales, o que pueden administrarse a los animales para combatir insectos, arácnidos u otras plagas en o sobre sus cuerpos. El término incluye a las sustancias destinadas a utilizarse como reguladoras del crecimiento de las plantas, defoliantes, desecantes, agentes para reducir la densidad de fruta o para evitar la caída prematura de la fruta, y las sustancias aplicadas a los cultivos antes o después de la cosecha para proteger el producto contra su deterioro durante el almacenamiento y transporte" (FAO, 1990).

Desde épocas tempranas de la historia de la humanidad, existió la necesidad de combatir las plagas que afectaban los cultivos. La primera etapa de la historia de los plaguicidas implicó el uso de productos naturales. En este sentido, en documentos escritos por Homero se evidencia el uso del azufre como sustancia "purificadora" para eliminar los hongos; mientras que otros datos, demuestran que el rey de Persia, Jerjes, usó las flores de piretro como insecticida. Por su parte, los chinos utilizaron arsenitos para el control de roedores y otras plagas desde los años 900 de nuestra era (Albert Palacios, 1997).

A partir de la Revolución Industrial, se observó un crecimiento de las zonas urbanas, lo que fue acompañado de una mayor producción, almacenamiento y protección de los alimentos, y por lo tanto, de un incremento en la producción de sustancias químicas de toxicidad inespecífica y de bajo costo (del Puerto Rodríguez y col., 2014). Sin embargo, los plaguicidas sintéticos surgieron entre 1930 y 1940 como resultado de investigaciones enfocadas al desarrollo de armas químicas que originalmente fueron probadas en insectos. Es así que Müller, en 1940, descubrió las propiedades insecticidas del dicloro-difenil-tricloroetano (DDT), sustancia ampliamente utilizada en la segunda guerra mundial, para la eliminación de algunos ectoparásitos que transmitían enfermedades como el tifus (Ramírez y Lacasaña, 2001).

A partir de esa fecha se sintetizaron una gran cantidad de plaguicidas potentes como los organoclorados y organofosforados (del Puerto Rodríguez y col., 2014).

El empleo sistemático de plaguicidas ha producido, sin lugar a dudas, una gran mejora en la calidad de vida de los pueblos al permitir una mayor y mejor producción de alimentos y materia prima. No obstante a los espectaculares resultados que se consiguieron al iniciar su empleo en forma intensiva, se produjeron otros problemas al observarse que su aplicación masiva e indiscriminada conducía a efectos adversos sobre la salud humana, animal y ambiental, debido a que estas sustancias químicas extremadamente tóxicas carecen de selectividad real (Mokarizadeh y col., 2015). Por ello, los plaguicidas afectan simultáneamente, en mayor o menor grado, no sólo a las especies blanco sino también a otros seres vivos, y directa o indirectamente al ser humano (Ramírez y Lacasaña, 2001).

1.2. PLAGUICIDAS ORGANOCLORADOS

Dentro de los plaguicidas existe una familia de compuestos que se agrupan bajo el nombre de plaguicidas organoclorados (POs), los cuales son compuestos orgánicos de síntesis, derivados de hidrocarburos, en los que uno o más átomos de hidrógeno son sustituidos por átomos de Cl. Constituyen un grupo heterogéneo de sustancias, cuya estructura química corresponde, en general, a la de hidrocarburos clorados, aunque algunos de ellos contienen otros elementos tales como O y S (Arias Verdes y col., 1992).

Entre las propiedades físico-químicas más importantes de los POs se destacan su baja solubilidad en agua, elevada solubilidad en lípidos y en solventes orgánicos, estabilidad a la fotooxidación, a la humedad, al aire y al calor, baja presión de vapor y elevada resistencia al ataque por microorganismos (Arias Verdes y col., 1992). La combinación de estas propiedades no sólo los vuelve eficaces para el fin que fueron creados, sino que además son el motivo de su persistencia en el medioambiente (Kim y Smith, 2001), donde pueden permanecer activos durante tiempos prolongados

(Carvalho y col., 2009). Incluso pueden desplazarse largas distancias (Singh y col., 2005) ya que pueden evaporarse en climas cálidos, desplazarse por la atmósfera y depositarse nuevamente en zonas frías, llegando a lugares remotos como el continente Ártico, glaciares y regiones de alta montaña, donde jamás fueron utilizados (Shen y col., 2008; Weber y col., 2009).

Según el Convenio de Estocolmo, los POs están incluidos dentro del grupo de los Contaminantes Orgánicos Persistentes (COPs) por ser compuestos de elevada resistencia a la degradación en el ambiente y altamente tóxicos y peligrosos para los animales y el hombre (Gałuszka y col., 2011; Petriello y col., 2014; Usman y col., 2014).

La aplicación de estos plaguicidas por más de medio siglo y su elevada persistencia, permitieron su ingreso y acumulación en el ambiente. Diversos estudios demostraron un aumento en la presencia de residuos de POs en distintos estratos ambientales como resultado de su aplicación inadecuada, generando suelos agrícolas contaminados, incluso con mezclas de los mismos (Rama Krishna y Philip, 2011). Los POs llegan a los medios acuáticos a través de la liberación de efluentes, la deposición atmosférica y la escorrentía, entre otras formas (Yang y col., 2005). Debido a su baja solubilidad en agua, estos plaguicidas tienen una fuerte afinidad por la materia orgánica particulada, y, por consiguiente, los sedimentos pueden servir como sumidero final (Pazou y col., 2006). Así, los POs se encuentran ampliamente distribuidos en ambientes terrestres y acuáticos (Kumari y col., 2008). Además, por su elevada solubilidad en grasas, se acumulan principalmente en el tejido adiposo y se biomagnifican a lo largo de la cadena trófica (Cid y col., 2007; Betancur-Corredor y col., 2013), pudiendo alcanzar a los seres humanos a través del consumo de productos como la leche y la carne de origen animal (Nag y Raikwar, 2011).

A pesar de que la mayoría de los países desarrollados establecieron prohibiciones y restricciones a la utilización de varios POs durante los años 1970 y 1980, algunos países en desarrollo continúan empleándolos debido a su bajo costo y versatilidad en el control de plagas (Rama Krishna y Philip, 2011; Rivero y col., 2012). Como consecuencia, estos compuestos continúan siendo detectados en distintos lugares del planeta (Carvalho y col., 2009; Arrebola y col., 2012; Alani y col., 2013; Aslam y col., 2013).

La exposición crónica a los POs puede ocasionar graves problemas de salud tales como enfermedades del corazón, cáncer, daño al sistema nervioso, daños reproductivos y endocrinos, enfermedad de Alzheimer y enfermedad de Parkinson, entre otras. Los casos de intoxicación aguda, en cambio, se caracterizan por síntomas tales como dolor de cabeza, mareos, trastornos gastrointestinales, náuseas, entumecimiento y debilidad de las extremidades (Longnecker y col., 1997; Aslam y col., 2013).

1.3. LINDANO

El uso intensivo de los POs se incrementó a partir del final de la Segunda Guerra Mundial. Entre ellos, uno de los más utilizados fue el grupo de los 1,2,3,4,5,6-hexaclorociclohexanos (HCHs) (Zuloaga y col., 2000).

Existen ocho isómeros del HCH, designados β, γ, δ, θ, ε, η, y dos α-enantiómeros, los cuales difieren solamente en la orientación de los átomos de Cl unidos a los diferentes átomos de C. Entre ellos se destaca el isómero gamma (γ-HCH), también conocido como lindano (**Figura 1**), el cual presenta una actividad insecticida más potente entre sus isómeros (Okeke y col., 2002).

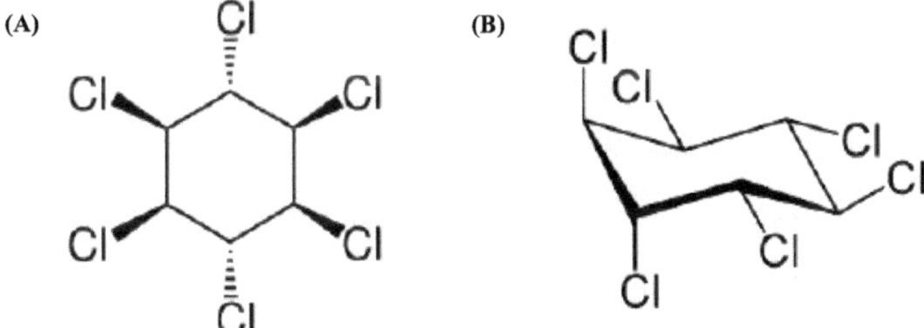

Figura 1. Estructura química de lindano. (A) Estructura hexagonal plana; (B) Conformación de silla.

El lindano, es un plaguicida cíclico, saturado y altamente clorado (**Figura 1**) (Manickam y col., 2008). Es un insecticida de amplio espectro, por lo que ha sido empleado en todo el mundo para el control de una gran variedad de plagas como saltamontes, moscas, gorgojos, ácaros, termitas, hormigas e insectos que afectan las plantaciones de algodón y de arroz, entre otros (Bidlan y col., 2004; Phillips y col., 2005). También ha sido aplicado en salud humana para el tratamiento de la malaria, de la escabiosis y de la pediculosis (Bidlan y col., 2004; Lal y col., 2006).

El lindano se produce mediante la cloración fotoquímica del benceno por luz UV; sin embargo, durante el proceso de producción de lindano se obtiene una mezcla de varios estereoisómeros (Manickam y col., 2007). Inicialmente se aplicaba el HCH de grado técnico, una mezcla que consistía en α-HCH (53-70%), β-HCH (3-14%), γ-HCH (10-18%), δ-HCH (6-10%), ε-HCH (1-5%), y trazas de otros isómeros (Geueke y col., 2013). Debido a que sólo el isómero γ tiene actividad insecticida, luego se comercializó purificado con el nombre de lindano (> 99% de pureza) (Nagata y col., 2007). Se estima que desde 1950 hasta 2000 se utilizaron aproximadamente 600.000 toneladas de lindano, y entre 1,7 y 4,8 millones de toneladas de residuos de HCH estarían aún presentes en todo el mundo (Vijgen, 2006).

Algunas de las propiedades físico-químicas más relevantes del lindano se detallan en la **Tabla 1**.

Se ha demostrado que tanto el lindano como todos sus isómeros pueden causar efectos graves para la salud a corto y largo plazo. Son disruptores endócrinos, carcinógenos potenciales, inmunosupresores y ejercen efectos perjudiciales sobre el sistema reproductor y el sistema nervioso en mamíferos (Salam y Das, 2012). También se han reportado como potenciales compuestos teratogénicos, genotóxicos y mutagénicos (ATSDR, 2011). Además, el lindano como todos los plaguicidas organoclorados, se caracteriza por su persistencia en el medio ambiente y su tendencia a la bioacumulación en la cadena alimentaria (Caicedo y col., 2011).

Tabla 1. Propiedades físico-químicas de lindano. Adaptación de Benimeli y col. (2008).

Parámetros	Lindano
Fórmula química	$C_6H_6Cl_6$
Peso molecular	290,9
Punto de fusión (°C)	112-113
Punto de ebullición (°C)	323,4 a 760 mm Hg
Densidad (g cm^{-3})	1,89 a 19 °C
Solubilidad en agua (mg L^{-1})	0-17
Solubilidad en 100 g etanol (mg)	6,4
Log K_{OW}	3,72
Log K_{OC}	3,00-3,57
Presión de vapor (mm Hg)	3,3 x 10^{-5} a 20-25 °C
Clasificación de toxicidad según US EPA	Clase II

K_{OW}: Coeficiente de partición octanol-agua.
K_{OC}: Coeficiente de partición del carbono orgánico.

Por estas razones, actualmente más de 52 países, entre ellos Argentina, han prohibido o restringido fuertemente el uso de este xenobiótico (Vijgen y col., 2011). Sin embargo, algunos países en desarrollo lo siguen utilizando por razones económicas y, en consecuencia, nuevos sitios están siendo contaminados. Sus residuos permanecen en el ambiente y han sido encontrados en agua, sedimentos, suelo, plantas y animales (Carvalho y col., 2009; Saadati y col., 2012; Hong y col., 2013; Venier y Hites, 2014). Además, fue encontrado en fluidos humanos, como sangre, líquido amniótico y leche materna (Du Plessis, 2005; Luzordo y col., 2009; Villaamil Lepori y col., 2013).

El destino de lindano en los ambientes contaminados, así como las consecuencias para la salud humana y ambiental, han sido ignorados durante mucho tiempo. Por lo tanto, el tratamiento de esos sitios, ampliamente desconocidos tanto para el público como para la comunidad científica, representa uno de los desafíos más grandes del mundo. En la actualidad, científicos de todo el mundo están involucrados en el desarrollo de tecnologías de remediación de lindano, tanto físicas, como químicas y biológicas.

1.4. DESTINO Y TRANSPORTE DE LOS PLAGUICIDAS EN EL AMBIENTE

Los sistemas de producción agrícola han estado acompañados del uso indiscriminado de plaguicidas altamente tóxicos, lo que ha llevado a la contaminación de los recursos naturales (agua, suelo y aire) y al deterioro de los ecosistemas y de la calidad de vida de las personas (Jayaraj y col., 2016).

Cuando un plaguicida se libera accidental o deliberadamente al suelo, puede ingresar a los diferentes compartimentos ambientales, incluyendo agua, aire, y sedimentos. Muchos procesos afectan el destino de estos compuestos en el ambiente (**Figura 2**), entre ellos podemos citar los procesos de transferencia, tales como la volatilización, lixiviación, escorrentía, adsorción y desorción a partículas coloidales del suelo, donde el plaguicida se aleja del sitio de aplicación sin ninguna alteración en su estructura química, y los procesos de degradación o descomposición, donde la estructura química del plaguicida es alterada, o bien es mineralizado a compuestos inocuos mediante transformaciones biológicas, químicas y/o fotoquímicas (Gianfreda y Rao, 2011). Como consecuencia, los plaguicidas pueden degradarse rápidamente o existir en concentraciones variables en diferentes micrositios del suelo.

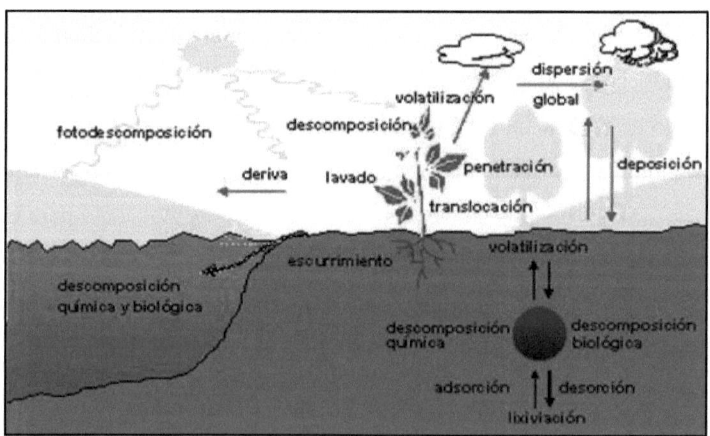

Figura 2. Movimiento y destino de los plaguicidas en el ambiente. Adaptación de Gianfreda y Rao (2011).

De todos estos procesos, la adsorción y la desorción son fundamentales ya que regulan las concentraciones de los contaminantes en los suelos (Gondar y col., 2013). La adsorción depende de las propiedades físico-químicas del plaguicida (solubilidad en agua, polaridad) y de las propiedades del suelo (pH, permeabilidad, textura, contenido de materia orgánica y arcilla, capacidad de intercambio iónico) (Gianfreda y Rao, 2017). Los suelos, al ser matrices complejas, proporcionan una amplia variedad de sitios de unión para los plaguicidas que ingresan a ellos, de manera que cuando se produce el fenómeno de adsorción, una parte del plaguicida se adhiere a las partículas del suelo, resultando una baja biodisponibilidad del mismo, mientras que otra parte del contaminante permanece en la fase acuosa del suelo, con mayor disponibilidad para su interacción con la biota y para su transferencia a corrientes de agua o aire (Miao y col., 2018).

Se ha informado que, a mayor contenido de materia orgánica en el suelo y mayor hidrofobicidad del plaguicida, mayor será la adsorción y la retención en la matriz sólida (Liu y col., 2018). Otro factor que afecta la adsorción de un plaguicida al suelo es el contenido de arcilla. Debido al pequeño tamaño de las partículas de arcilla, éstas tienen un área superficial interna reactiva muy grande, proporcionando así una mayor superficie para la adsorción de los plaguicidas; por lo que existe una fuerte correlación entre la cantidad de arcilla en los suelos y su capacidad para unir y retener plaguicidas (Đurović y col., 2009; Gómez Ortiz y col., 2017).

De acuerdo con las propiedades de los plaguicidas y de los adsorbentes, son posibles varios mecanismos de adsorción: enlaces de hidrógeno, intercambio de iones, interacciones con cationes metálicos, interacciones polares, fuerzas de dispersión de London-van der Waals y efectos hidrófobicos (Calvet y col., 2005).

Si los xenobióticos se acumulan en la superficie del suelo, pueden sufrir fotodescomposición, siendo este proceso fuertemente influenciado por las propiedades intrínsecas y extrínsecas del suelo (abundancia de materia orgánica, color, clima y posición geográfica), así como por la estructura química del compuesto (Gianfreda y Rao, 2011). Además, si sus propiedades físico-químicas lo permiten, pueden evaporarse en climas cálidos, desplazarse por la atmósfera y depositarse nuevamente en zonas frías, llegando incluso a lugares remotos como el continente Ártico y Antártico, o regiones de alta montaña y glaciares, donde jamás fueron utilizados (Dietz y col., 2004; Zhang y col., 2015).

Es importante resaltar que los plaguicidas pueden ser transportados a otros sitios por acción del aire o alcanzar aguas subterráneas mediante procesos de lixiviación, fenómeno que ocurre principalmente en suelos con bajo contenido de materia orgánica (Zajíček y col., 2018). Además, pueden llegar a los sistemas acuáticos a través de escorrentía superficial por acción del agua de lluvia o de riego, y acumularse en los sedimentos fluviales y marinos debido a su naturaleza hidrofóbica (Jin y col., 2017). Esto representa un riesgo para la biota acuática, en particular para los peces, ya que pueden bioacumularse en los organismos y biomagnificarse en las cadenas tróficas; luego pueden transferirse a los seres humanos a través de la ingestión de alimentos contaminados y almacenarse en los tejidos adiposos, lo que aumenta el riesgo de cáncer y otros problemas importantes de salud pública (Shao y Gu, 2016).

Además, las plantas que crecen en suelos contaminados pueden acumular plaguicidas en sus tejidos, mediante la absorción de estos contaminantes a través de las raíces, o bien, a través de los tejidos aéreos cuando el plaguicida se volatiliza (Girish y Mohammad Kunhi, 2013).

La descomposición química del xenobiótico también puede ocurrir si el suelo contiene determinados componentes tales como óxidos y ciertas propiedades químicas (estado rédox, pH) capaces de sostener tal reacción (Gianfreda y Rao, 2011). Una mineralización completa del mismo puede ocurrir si el plaguicida produce una presión selectiva para lograr el crecimiento de los microorganismos capaces de degradarlo o estimula la producción de enzimas extracelulares (óxido-reductasas, hidrolasas y sintetasas) capaces de transformar y remover la molécula compleja del contaminante (Javaid y col., 2016).

2. BIORREMEDIACIÓN

2.1. GENERALIDADES

La necesidad de restaurar los diferentes sitios contaminados ha llevado al desarrollo de tecnologías tendientes a destruir las sustancias contaminantes. Estas tecnologías de remediación implican cualquier operación que altere las características de los desechos peligrosos o contaminantes para disminuir su toxicidad, volumen o movilidad, mediante la aplicación de procesos fisicoquímicos y/o biológicos (Betancur Corredor, 2013).

Algunas de las tecnologías fisicoquímicas que se han utilizado son la oxidación química para el tratamiento de una gran variedad de contaminantes tales como combustibles, disolventes y plaguicidas (Huling y Bruec, 2006), la reducción química de metales pesados como el Cr(VI) empleando nanopartículas de Fe cerovalente (CLU-IN US EPA, 2011), la estabilización/solidificación basada en la adición de ligantes con la finalidad de generar un material sólido en el cual los contaminantes se encuentran inmovilizados (no se produce lixiviación) (Al-Tabbaa y Stegemann, 2005), la incineración a alta temperatura, la oxidación por UV, descomposiciones catalizadas por ácidos o bases, y el lavado de suelos, entre otras. Todas estas tecnologías pueden ser muy eficaces en la reducción de los niveles de un gran número de contaminantes, pero tienen varios inconvenientes, entre los cuales se puede mencionar su complejidad, los elevados costos de implementación, su aplicación a pequeña escala y la falta de aceptación por parte de la población (Niti y col., 2013).

En contraste, la biorremediación ha recibido considerable atención como una herramienta biotecnológica eficaz para remediar ambientes contaminados. La biorremediación se define como el uso de organismos vivos o parte de ellos, para degradar, remover y/o transformar contaminantes ambientales, tanto orgánicos como inorgánicos (Adams y col., 2015). Los principales organismos utilizados para este propósito son bacterias, hongos, algas y plantas, de existencia natural o genéticamente modificados (Marican y Durán Lara, 2017).

Los procesos de biorremediación presentan varias ventajas sobre las tecnologías convencionales para el tratamiento de contaminantes. Entre ellas se destacan las siguientes:

- Son procesos naturales y por lo tanto tienen una buena aceptación por parte de la población.
- Pueden permitir la degradación completa de los contaminantes o su transformación a sustancias inocuas.
- Evitan la transferencia de contaminantes de una matriz a otra en el medioambiente.
- Son procesos seguros con un mínimo riesgo para la salud.
- Poseen bajos costos de instalación y operación.
- Son de fácil aplicación y tecnológicamente efectivos.
- Son procesos flexibles y adaptables a condiciones ambientales variables.
- Pueden aplicarse *in situ* y sobre contaminantes diluidos o difundidos en zonas muy amplias.

Sin embargo, la biorremediación también tiene limitaciones, ya que se puede aplicar solamente frente a compuestos biodegradables. Además, algunos productos de la biodegradación pueden ser más persistentes o tóxicos que el compuesto de origen (Niti y col., 2013).

Según el tipo de organismo que participe en el proceso, la biorremediación puede clasificarse en:

- Fitorremediación: consiste en el uso de plantas para contener, remover o neutralizar compuestos orgánicos y metales pesados.
- Biorremediación animal: los animales pueden actuar como agentes descontaminantes, desarrollándose en medios con fuerte toxicidad y retener, por ejemplo, metales pesados mediante la actividad de microorganismos presentes en su sistema digestivo.

• Biorremediación microbiana: implica el uso de microorganismos con la propiedad de acumular o metabolizar metales pesados o compuestos orgánicos.

Particularmente, la biorremediación de ambientes contaminados empleando microorganismos (biorremediación microbiana) ha sido ampliamente estudiada, generando resultados altamente promisorios (Thapa y col., 2012).

Los microorganismos nativos del suelo juegan un papel clave como agentes biogeoquímicos en los procesos de biorremediación, transformando los compuestos orgánicos complejos en compuestos inorgánicos simples, y, en última instancia, en agua y CO_2 u óxidos y sales minerales de otros elementos presentes. Esta degradación completa del contaminante en componentes inorgánicos se denomina mineralización (Adams y col., 2015). En otros casos, la degradación puede ser parcial y conducir a la formación de compuestos orgánicos menos complejos y menos tóxicos que el compuesto parental. De esta manera, el contaminante transformado o degradado es usado por los microorganismos como fuente de carbono, de nitrógeno o como aceptor final de electrones en la cadena respiratoria (Villaverde y col., 2017). Por ello, la biorremediación implica la producción de energía en una reacción rédox dentro de las células microbianas. Estas reacciones incluyen la respiración y otras funciones biológicas necesarias para el mantenimiento y la reproducción de las células (Adams y col., 2015).

En todo proceso de biorremediación microbiana, la efectividad está sujeta a varios factores que interactúan de forma compleja, dependiendo de las características del ambiente, del contaminante y de los microorganismos. Estos factores ambientales, físico-químicos y biológicos son determinantes para decidir qué tecnología de tratamiento debe aplicarse para remediar un tipo de contaminación en particular:

• Factores físico-químicos: La estructura química del contaminante (ramificaciones, sustituyentes, longitud de la cadena, peso molecular) determina sus propiedades físicas y químicas, y por lo tanto su biodegradabilidad. Para que la biodegradación se lleve a cabo, el contaminante debe ser accesible al organismo. Generalmente, al aumentar la solubilidad del compuesto, la disponibilidad para los microorganismos también aumenta (Volke Sepúlveda, 2002). Por otra parte, la concentración de los contaminantes influye directamente en la actividad microbiana: concentraciones iniciales elevadas podrían ejercer un efecto tóxico sobre los microorganismos al generar cambios en la estructura y función de la membrana celular, o producir la inhibición de ciertas actividades enzimáticas, mientras que una baja concentración puede también representar problemas, ya que la fuente de carbono y energía para su crecimiento puede ser insuficiente, siempre que el contaminante se use para tal fin (Adams y col., 2015).

- Factores medioambientales: la disponibilidad de nutrientes, la humedad, el pH, la temperatura y la textura del suelo, pueden afectar tanto la disponibilidad y movilidad de los contaminantes, como así también el crecimiento y actividad de los microorganismos utilizados en biorremediación (Polti y col., 2014; Fuentes y col., 2017). Normalmente, los nutrientes están presentes en los suelos en concentraciones adecuadas para el crecimiento microbiano, pero se pueden agregar en formas fácilmente asimilables (glucosa, ácidos orgánicos), como fertilizantes o mediante una enmienda orgánica para estimular el proceso de remoción de los contaminantes. La disponibilidad de agua afecta la difusión de nutrientes desde y hacia las células microbianas; sin embargo, un exceso de agua reduce la difusión del O_2 y afecta al metabolismo aeróbico, el cual provee la energía necesaria para la degradación de los contaminantes (Niti y col., 2013). De manera similar, el pH tiene gran importancia ya que afecta la movilidad y disponibilidad de los nutrientes y de los contaminantes, mientras que la temperatura determina la remoción de los compuestos al controlar la velocidad de las reacciones enzimáticas (Adams y col., 2015). Por otro lado, los suelos con elevado contenido de arcilla y materia orgánica pueden adsorber fuertemente a los contaminantes hidrofóbicos, disminuyendo su disponibilidad y transporte a las células microbianas, mientras que en los suelos con bajo contenido de materia orgánica los contaminantes se encuentran más biodisponibles, pero pueden estar sometidos a procesos de lixiviación (Fuentes y col., 2017).

- Factores biológicos: los factores biológicos que modifican un proceso de biorremediación incluyen la presencia de organismos con rutas metabólicas capaces de degradar los compuestos tóxicos, y la aclimatación e inducción de enzimas que catalicen las reacciones necesarias en las poblaciones microbianas (Niti y col., 2013). Para la degradación de los contaminantes, es necesario que éstos y los microorganismos estén en contacto, lo cual no siempre es fácil de lograr, ya que en general, ninguno de ellos está distribuido uniformemente en el suelo (Chowdhury y col., 2008).

La forma en que estos factores afectan el proceso de biorremediación es compleja, ya que pueden presentar interacciones y efectos opuestos sobre los distintos contaminantes (Dhal y col., 2013), es por ello que si las condiciones de la biorremediación son estudiadas y mejoradas, el proceso puede resultar mucho más eficiente y económico (Escorza Núñez, 2007).

2.2. TÉCNICAS DE BIORREMEDIACIÓN MICROBIANA

La biorremediación microbiana puede emplear organismos propios de un sitio contaminado (autóctonos) o aislados de otros sitios (alóctonos) y puede realizarse en condiciones aeróbicas o anaeróbicas. Además, esta amplia variedad de procesos de biorremediación puede agruparse en dos categorías principales (Niti y col., 2013; Marican y Durán Lara, 2017): *in situ* y *ex situ*.

Las técnicas *in situ* son procesos que consisten en el tratamiento del material contaminado en su emplazamiento natural, con el menor trastorno posible. Permiten tratar la matriz sin necesidad de extraerla ni de transportarla, dando como resultado una disminución de los costos. Sin embargo, insumen largos períodos de tratamiento. Las técnicas *in situ* pueden clasificarse en varios tipos. Cuando la biorremediación se produce por sí sola, es decir, por microorganismos nativos presentes en el suelo sin introducir modificaciones al mismo, el proceso se llama atenuación natural; cuando se añaden nutrientes, fuentes de carbono, compuestos donadores de electrones, oxígeno o agentes tensioactivos al sitio contaminado, se denomina bioestimulación; mientras que cuando se introducen microorganismos específicos para remediar un contaminante, se trata de un proceso llamado bioaumentación (Marican y Durán, 2015). La bioaumentación y la bioestimulación se pueden aplicar conjuntamente, con el fin de potenciar la actividad de los microorganismos introducidos o bien para promover un co-metabolismo (Niti y col., 2013). Sin embargo, la biorremediación *in situ* no es adecuada para todos los suelos. Además, es difícil de lograr la degradación completa de los contaminantes, además, las condiciones naturales, tales como temperatura y humedad, son muy difíciles de controlar (Niti y col., 2013).

En estos casos, pueden aplicarse las técnicas de biorremediación *ex situ*. Estas, incluyen métodos que consisten en remover una matriz contaminada (suelos, sedimentos, etc.) para su posterior transporte hasta el sitio donde será tratada. Estas tecnologías son rápidas y seguras en cuanto a la uniformidad del tratamiento. Además, los subproductos permanecen dentro de la unidad de tratamiento hasta la obtención de productos no peligrosos. Sin embargo, requieren la extracción y transporte del material contaminado, con el consecuente aumento de los costos y de la ingeniería del proceso (FRTR, 2006). Entre las técnicas de biorremediación *ex situ*, se pueden mencionar las biopilas, el *landfarming* y los biorreactores, entre otras. Un sistema básico de biopila consiste en una cama de tratamiento, es decir, un montículo de suelo contaminado, un sistema de aireación, un sistema de riego y de suministro de nutrientes y un sistema de recolección de lixiviados. Las biopilas suelen cubrirse para evitar escurrimientos, evaporación y/o volatilización (Wu y Crapper, 2009). En el *landfarming*, en cambio, el suelo se labra periódicamente para airear los residuos y mezclar los microorganismos activos (Vaccari y col., 2006). En este proceso, se pueden supervisar varias condiciones del suelo, como el contenido de humedad, la aireación y el pH, para asegurar una elevada velocidad de degradación (FRTR, 2006). En el caso de los biorreactores, el material contaminado se mezcla con agua y nutrientes y se agita mecánicamente para estimular la acción de los microorganismos. Existen varios tipos de reactores, como los reactores de lodos, fermentadores y reactores de lecho, entre otros (Niti y col., 2013).

La técnica de biorremediación seleccionada en cada caso dependerá del grado de saturación y aireación de la zona a tratar, de las características y profundidad del contaminante, entre otros factores. Aunque no todos los compuestos orgánicos son susceptibles a la biodegradación, los procesos de biorremediación se han usado con éxito para tratar suelos, lodos y sedimentos contaminados con hidrocarburos del petróleo, solventes (benceno y tolueno), explosivos, clorofenoles, plaguicidas, conservantes de madera e hidrocarburos aromáticos policíclicos (Niti y col., 2013).

2.3. ATENUACIÓN NATURAL

Durante siglos, las civilizaciones han utilizado la biorremediación natural en el tratamiento de aguas residuales, pero su uso intencional en la reducción de desechos peligrosos es un desarrollo bastante reciente (Adams y col., 2015).

Esta tecnología consiste en la biodegradación de compuestos de interés por las comunidades microbianas indígenas presentes en la matriz a tratar (Agnello y col., 2015). Se lo ha considerado un método potencial para el saneamiento de sitios contaminados, debido a sus beneficios económicos y a su bajo impacto en el ambiente, al emplearse la capacidad fisiológica de los microorganismos nativos presentes en el suelo, sin introducir modificaciones (Lv y col., 2018). Sin embargo, la tasa de degradación por atenuación natural de ciertos contaminantes tales como plaguicidas, es a menudo limitada debido a la baja abundancia de poblaciones degradadoras autóctonas capaces de utilizar esos compuestos como fuente de carbono o energía (Nousiainen y col., 2015).

2.4. BIOESTIMULACIÓN

En ciertas ocasiones, el suelo contaminado puede ser deficiente en nutrientes necesarios para sostener el desarrollo de microorganismos indígenas por sí solos. Además, el proceso de remoción puede estar limitado por muchos factores tales como pH, temperatura, humedad y oxígeno, entre otros. Para superar estas limitaciones, normalmente se recurre a la bioestimulación (Sayara y col., 2010).

La bioestimulación implica la modificación del entorno para estimular la actividad microbiana natural y mejorar así la biodegradación de contaminantes orgánicos hasta su conversión en productos inocuos. Esto se puede hacer mediante la adición de diversas formas de nutrientes limitantes (fósforo, nitrógeno o carbono), enmiendas orgánicas, aceptores de electrones, agua, oxígeno e incluso agentes tensioactivos que aumentan la biodisponibilidad del contaminante (Adams y col., 2015).

Típicamente, esta tecnología implica la inyección de soluciones acuosas con nutrientes y saturadas con oxígeno disuelto a través del suelo contaminado (Volke Sepúlveda, 2002). Otros autores, han observado que la bioestimulación empleando enmiendas orgánicas ha resultado exitosa en el proceso de biodegradación de contaminantes (García Delgado y col., 2015).

La principal ventaja de la bioestimulación es que la biorremediación se lleva a cabo por microorganismos nativos que son adecuados para el entorno y están bien distribuidos espacialmente dentro de la matriz. Sin embargo, el principal desafío radica en distribuir uniformemente los aditivos por toda el área afectada, de manera de lograr que estén fácilmente disponibles para los microorganismos.

2.4.1. BIOESTIMULACIÓN: BIORREMEDIACIÓN EMPLEANDO ENMIENDAS ORGÁNICAS

La estrategia de bioestimulación aplicando enmiendas orgánicas, para el tratamiento de suelos contaminados, resulta adecuada para superar las limitaciones generadas por factores tales como el contenido de oxígeno y de nutrientes, humedad, pH y textura del suelo (**Figura 3**) (Rubio Bellido y col., 2015).

Las enmiendas orgánicas son residuos con abundante contenido de macro y micronutrientes. Cuando las mismas son incorporadas a un suelo, proporcionan fuentes adicionales de carbono, nitrógeno y fósforo disponibles para los microorganismos allí presentes, estimulando su crecimiento y actividades enzimáticas (Ren y col., 2017). En este sentido, Zhang y col. (2011) observaron que los valores de biomasa microbiana obtenidos después de enmendar un suelo con compost, fueron un orden de magnitud mayor que los del suelo sin tratar. Por otra parte, tales enmiendas constituyen una fuente rica en microorganismos capaces de degradar contaminantes (Abhilash y Singh, 2008). De esta manera, impactan en la abundancia, actividad y composición microbiana, al aumentar directamente la densidad microbiana responsable de la descomposición y biotransformación de los contaminantes en los suelos (Chen y col., 2015).

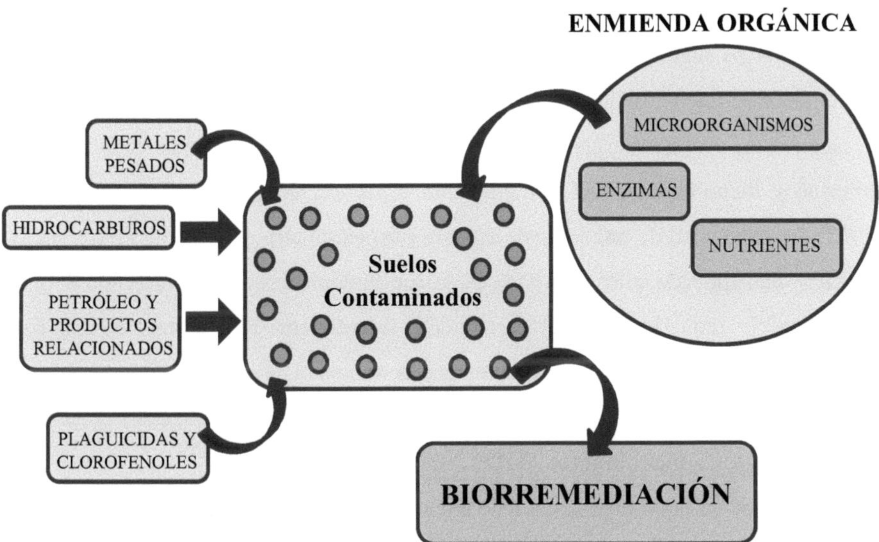

Figura 3. Biorremediación de suelos contaminados por aplicación de enmiendas orgánicas. Adaptación de Chen y col. (2015).

El empleo de enmiendas orgánicas no sólo mejora el proceso de biorremediación por el aporte de materia orgánica, sino también porque estos residuos, de origen animal y vegetal, modifican favorablemente las características químicas y físicas del suelo (Goss y col., 2013). Las enmiendas orgánicas pueden facilitar la agregación del suelo ya sea floculando las partículas del mismo con materia orgánica o aumentando la producción de mucílago microbiano, el cual favorecería la formación de microagregados (Tejada y col., 2009). Esta mayor estabilidad estructural del suelo enmendado incrementa su porosidad y, por lo tanto, la aireación del sistema, lo cual resulta ventajoso para el desarrollo microbiano, especialmente en suelos arcillosos donde los contaminantes tienden a adsorberse a las partículas de arcilla. En estos casos, resulta necesario el agregado de agentes estructurantes para reducir la densidad aparente y la compactibilidad del mismo (Duong y col., 2012; García y col., 2012). Asimismo, elevadas cantidades de enmiendas pueden ocasionar el secuestro de los compuestos contaminantes dentro de la matriz orgánica, modificando su biodisponibilidad y bioaccesibilidad (Rubio Bellido y col., 2015). Esto resulta de suma importancia en suelos de textura arenosa, donde los agentes estructurantes tienden a incrementar la retención del contaminante, lo que minimiza la pérdida por infiltración y escorrentía, y a su vez generan una mejor estructura modificando la difusión de oxígeno y disponibilidad del contaminante a los microorganismos (García y col., 2012). La capacidad de retención de agua es otro parámetro que mejora en los suelos donde se han aplicado aditivos orgánicos, lo que aumenta a su vez el contenido de agua biodisponible requerido para el crecimiento microbiano (Ren y col., 2017). Esta situación resulta ventajosa al considerar que la humedad es un factor importante que influye en gran medida en la abundancia microbiana, y por lo tanto, en el proceso de biorremediación (Aparicio y col., 2018).

La falta de carbono orgánico puede reducir las cargas superficiales en el suelo que se requieren para el intercambio de cationes y la retención de elementos básicos, particularmente calcio y magnesio, dando como resultado un aumento de la acidez del suelo. Sin embargo, esta situación puede revertirse al agregar material orgánico, lo que además otorga a los agregados del suelo, una mayor resiliencia a las fuerzas erosivas del agua y del viento (Goss y col., 2013).

Además del hecho de que reciclar diferentes residuos o subproductos orgánicos proporciona beneficios desde el punto de vista ambiental, el uso de ellos se aplicó ampliamente como método de biorremediación. Si bien una gran cantidad de estudios han demostrado que el uso de las enmiendas acelera la tasa de mineralización de los compuestos tóxicos persistentes en los sistemas contaminados, el éxito o fracaso de una estrategia de remediación empleando estos residuos depende de una serie de factores, siendo los más importantes la biodisponibilidad y la biodegradabilidad del xenobiótico (Rubio Bellido y col., 2015).

Entre las principales enmiendas orgánicas aplicadas al suelo para estimular los procesos de biorremediación, se destacan las pertenecientes a alguno de los seis grupos siguientes: estiércol animal, abonos verdes y residuos de cosechas, biosólidos y lodos municipales, desechos de alimentos, subproductos o residuos de procesos (agro)industriales y compost (Goss y col., 2013).

2.4.2. ENMIENDAS DERIVADAS DE LA INDUSTRIA AZUCARERA

En las últimas décadas, ha existido una tendencia creciente hacia la utilización más eficiente de los residuos agroindustriales (Abhilash y Singh, 2008). En la provincia de Tucumán, las industrias basadas en la agricultura producen anualmente una gran cantidad de desechos sólidos, principalmente las destilerías e industrias azucareras. Estas actividades generan residuos tales como cachaza y bagazo de caña de azúcar, produciéndose 30 y 300 kg por tonelada de materia prima procesada, respectivamente (Zérega, 1993).

El bagazo es el residuo fibroso que se obtiene luego de la extracción del jugo de los tallos de caña de azúcar y está compuesto principalmente por celulosa, lignina y hemicelulosa, por lo que constituye una fuente eficiente y adecuada de nutrientes y carbono (Maiti y col., 2017). Debido a su alta disponibilidad, este material orgánico presenta particular interés en países de América Latina, donde es parcialmente utilizado como un recurso renovable en calderas, en la producción de alcohol o en la fabricación de productos de papel y materiales de construcción (Martín Lara y col., 2010).

La cachaza es un material marrón oscuro, y es el residuo que se obtiene en el proceso de clarificación de los jugos de caña. Contiene una mezcla de fibra de caña, sacarosa, coloides, coagulados, incluyendo la cera, fosfato de calcio y partículas de suelo, además de impurezas orgánicas. La cachaza es rica en una gran cantidad de nutrientes tales como N, P, K y Ca, por lo que se ha utilizado en los propios campos de caña de azúcar como abono para favorecer las propiedades físicas y químicas del suelo (Ramos Anacleto y col., 2017).

A pesar de las aplicaciones dadas a estos dos residuos agroindustriales, el aprovechamiento de ambos no es del todo eficiente por lo que se han considerado como fuentes de contaminación ambiental (García Torres y col., 2011). En este sentido, en los últimos años se comenzaron a estudiar sus propiedades bioestimulantes para favorecer la biorremediación de contaminantes tóxicos presentes en el suelo (Fundora Tellechea y col., 2016; Abdul Salam y col., 2017).

2.5. BIOAUMENTACIÓN

En muchos casos, cuando la toxicidad del contaminante es demasiado alta para los microorganismos autóctonos del suelo o cuando la microbiota natural es insuficiente en número o capacidad para degradar los xenobióticos involucrados, la inoculación del suelo con determinados cultivos microbianos proporciona ciertas ventajas respecto a la bioestimulación de la población indígena (Salam y col., 2015). Esta tecnología, conocida con el nombre de bioaumentación, consiste en la inoculación de cepas individuales o consorcios microbianos, ya sean autóctonos o no, con las capacidades catalíticas necesarias para degradar los contaminantes de interés (Garg y col., 2016). De esta forma, la adición de cultivos puros o mixtos que actúen sobre el contaminante, complementa las deficiencias metabólicas de las poblaciones microbianas autóctonas, logrando el tratamiento más rápido del sitio contaminado (Adams y col., 2015).

El tamaño del inóculo a utilizar depende de la extensión de la zona contaminada, de la dispersión del compuesto y de la velocidad de crecimiento de los microorganismos degradadores (Volke Sepúlveda, 2002). Además, en la selección del tipo de microorganismo adecuado para la bioaumentación se debe tener en cuenta no sólo su habilidad para degradar o remover el contaminante, sino también su adaptabilidad al medio y su capacidad de competir exitosamente con la microbiota indígena por las escasas fuentes de carbono (Burmølle y col., 2006). Por esta razón, la principal desventaja de esta tecnología reside en que los microorganismos alóctonos introducidos no siempre pueden competir con la población indígena por nutrientes, energía y espacio, para mantener los niveles de población útiles, ni adaptarse a las condiciones de campo. Estos factores determinan que la eficiencia de la bioaumentación microbiana no siempre resulte óptima (Garbisu y col., 2017). Es por ello la gran importancia que reviste el uso de microorganismos autóctonos en los procesos de bioaumentación (Kieser y col., 2000).

Entre los microorganismos empleados para llevar a cabo procesos de biorremediación por bioaumentación se encuentran las actinobacterias.

Las actinobacterias constituyen el componente fundamental de la microbiota del suelo, donde juegan un importante rol ecológico en el reciclaje de sustancias. Estos microorganismos tienen ciertas propiedades únicas relacionadas con su gran capacidad para sobrevivir y crecer en este hábitat. En primer lugar, son bacterias productoras de enzimas extracelulares que degradan macromoléculas complejas, tales como los ácidos húmicos presentes en el suelo (Kieser y col., 2000). Por otro lado, su capacidad de resistencia a la desecación ha demostrado ser un importante factor para su supervivencia en suelos extremadamente secos (Ensign, 1990).

Además, existen géneros que tienen hábitats acuáticos, como por ejemplo sedimentos de ríos y lagos, bancos de vegetación flotante, zonas costeras, cuerpos de agua y otros ambientes extremos (Okoro y col., 2009; Sibanda y col., 2010; Dastager y col., 2012; Jiang y col., 2012; Zhang y col., 2013; Ray y col., 2014).

Como muchos otros microorganismos del suelo, las actinobacterias tienen un crecimiento óptimo mesofílico entre 25 y 30 °C, aunque también pueden encontrarse algunos representantes termotolerantes y termofílicos, como ciertas especies de *Thermomonospora* y *Thermoactinomyces*. En general, desarrollan sus actividades en el suelo a un pH comprendido entre 5 y 9, con un óptimo cercano al neutro (Vobis y Chaia, 1998). En el suelo, se las encuentra generalmente en forma de esporas latentes y desarrollan su micelio solamente cuando las condiciones ambientales, como por ejemplo la oferta de nutrientes, humedad, temperatura o interacciones fisiológicas con otros microorganismos, son favorables (Vobis, 1992).

Dentro del *phyllum* Actinobacteria, se destaca el género *Streptomyce*s, miembro de la familia *Streptomycetaceae* (Anderson y Wellington, 2001). Las especies de este género son ubicuas en la naturaleza y están muy difundidas en ambientes tales como suelo, atmósfera y cursos de agua (mares y ríos). Sin embargo, el hábitat más importante de estos microorganismos es el suelo y la frecuencia de sus aislamientos es mucho más elevada en comparación con la de otras bacterias. Además, los miembros de este género presentan una sorprendente variedad de características morfológicas, culturales, fisiológicas y bioquímicas (Kudo, 1997). Es importante destacar que el 45% de todos los metabolitos secundarios bioactivos microbianos son producidos por actinobacterias, y de ellos, un 80% son producidos por bacterias del género *Streptomyces* (Berdy, 2005).

Las cepas de *Streptomyces* pueden ser muy adecuadas para su inoculación en suelos, como consecuencia de su crecimiento micelial, las tasas de crecimiento relativamente rápido, la colonización de sustratos semi-selectivos, y su capacidad de ser manipuladas genéticamente (Shelton y col., 1996). Una ventaja adicional es que la masa de hifas vegetativas de estos microorganismos puede diferenciarse en esporas que ayudan en la propagación y persistencia; además, les permiten a las actinobacterias sobrevivir en el suelo durante largos períodos y resistir bajas concentraciones de nutrientes y disponibilidad de agua (Karagouni y col., 1993).

Numerosos estudios llevados a cabo en el Laboratorio de Biotecnología de Actinobacterias de PROIMI, han demostrado que una gran cantidad de cepas de *Streptomyces*, aisladas de sitios contaminados encontrados en provincias del noroeste de la República Argentina, son capaces de degradar diferentes POs (Benimeli y col., 2003; Cuozzo y col., 2009; Fuentes y col., 2010; 2011; 2017; Alvarez y col., 2012; Saez y col., 2012; Polti y col., 2014; Briceño y col., 2018) y producir surfactantes que aumentan la biodisponibilidad de los compuestos tóxicos (Colin y col., 2016). Estos resultados sustentan la aplicación de las bacterias pertenecientes al género *Streptomyces*, como agentes potenciales para la biorremediación de ambientes contaminados con diferentes POs (Shelton y col., 1996). Entre las cepas estudiadas se destacan *Streptomyces* sp. M7, *Streptomyces* sp. A2, *Streptomyces* sp. A5 y *Streptomyces* sp. A11, las cuales demostraron una alta capacidad para crecer en presencia de lindano, clordano y metoxicloro, y para removerlos del medio de cultivo, utilizándolos como fuente de carbono y energía (Fuentes y col., 2010).

3. EVALUACIÓN DE LA BIORREMEDIACIÓN DE SUELOS CONTAMINADOS CON LINDANO, EMPLEANDO ACTINOBACTERIAS Y RESIDUOS AGROINDUSTRIALES

El tratamiento de suelos contaminados con compuestos orgánicos es un proceso complejo, ya que las tecnologías de remediación son diferentes para cada contaminante (Aparicio y col., 2018). En este sentido, la biorremediación microbiana empleando actinobacterias ha demostrado ser una tecnología de depuración exitosa, ya que permite la degradación de los compuestos orgánicos, como el lindano, en formas no tóxicas o menos tóxicas (Polti y col., 2014; Saez y col., 2015).

Si bien los procesos de biorremediación por bioaumentación son muy exitosos, en algunos casos, este proceso no puede llevarse a cabo de manera efectiva debido a las características del medio contaminado, por lo que otras tecnologías suelen aplicarse con el fin de potenciar la actividad de los microorganismos introducidos y de remoción del contaminante. Generalmente, las tecnologías de bioaumentación y bioestimulación se aplican conjuntamente (Niti y col., 2013).

Los estudios de laboratorio son fundamentales ya que permiten la manipulación de diversos factores ambientales y condiciones de crecimiento que podrían favorecer la actividad óptima de degradación microbiana, facilitando así la biodegradación de los compuestos y la biorremediación efectiva de suelos contaminados. Los resultados obtenidos de estos estudios son útiles para diseñar nuevas estrategias de biorremediación que sean necesarias para recuperar suelos contaminados a nivel de campo (Salam y col., 2015).

Actualmente, la información disponible acerca de la aplicación simultánea de bioaumentación con consorcios de actinobacterias y bioestimulación con cachaza y bagazo de caña de azúcar en diferentes tipos de suelos es aún escasa.

Debido a lo anteriormente expuesto, se determinó la capacidad de un consorcio definido integrado por *Streptomyces* sp. A2-A5-A11-M7 para remover lindano en microcosmos formulados con suelos no estériles de diferentes texturas, bioestimulados y sin bioestimular con bagazo y cachaza de caña de azúcar. Este consorcio fue seleccionado previamente en base a la ausencia de antagonismo entre las cepas y a su eficiencia para remover y declorinar lindano (γ-HCH) (Fuentes y col., 2011). En la **Figura 4** se observan los cuatro microorganismos (*Streptomyces* sp. A2, A5, A11, y M7) integrantes del consorcio, cultivados en medio caseína almidón agar (CAA).

Las actinobacterias *Streptomyces* sp. A2, A5 y A11 (**Figura 4**) fueron previamente aisladas de muestras de suelo procedentes de la localidad de Argentina, provincia de Santiago del Estero, ubicada a unos 250 km al sudeste de la capital provincial (Fuentes y col., 2010). En dicha localidad, el 18 de junio de 1990 se depositó, de forma clandestina, un cargamento de más de 30 toneladas de plaguicidas en el terreno de una pequeña estación ferroviaria, lo que provocó una gran contaminación en el suelo y agua del lugar (Barra y col., 2006). Este depósito tóxico es considerado el más grande de

América del Sur y uno de los 50 de mayor importancia en el mundo. El lindano fue uno de los contaminantes predominantes en las muestras de suelo tomadas de dicha zona, junto al DDE [1,1-dicloro-2,2'-Bis(pclorofenil) etileno].

La cepa *Streptomyces* sp. M7 (**Figura 4**) fue aislada a partir de muestras de sedimentos de un canal de drenaje de una planta de filtros de cobre, ubicado en la localidad de Ranchillos, Provincia de Tucumán. Estos sedimentos se encontraban contaminados con POs y metales pesados. Este microorganismo es capaz de crecer en presencia de diferentes POs como única fuente de carbono (Benimeli y col., 2003).

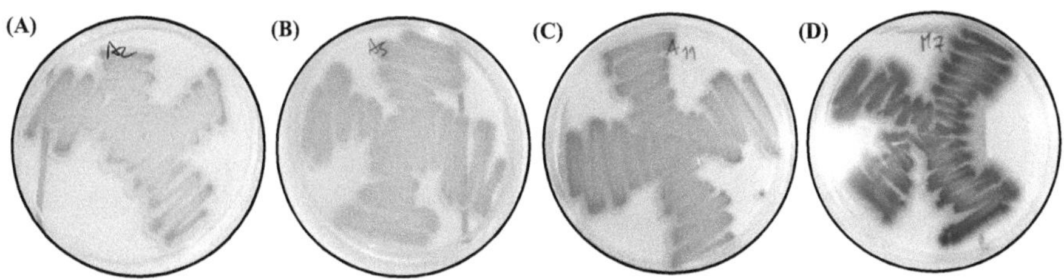

Figura 4. Cultivos de *Streptomyces* sp. sembrados en medio CAA. (A) A2; (B) A5; (C) A11; (D) M7.

Para los ensayos de biorremediación, se tomaron muestras de suelos de diversas regiones de la provincia de Tucumán (Argentina), libres de contaminación con POs, los cuales presentaron diferentes texturas. Las muestras de suelo se obtuvieron a una profundidad entre 5 y 15 cm; la parte superficial del suelo se liberó de la cobertura vegetal y se quitaron los primeros 5 cm. Los suelos colectados se conservaron en recipientes plásticos al resguardo de la luz y de la humedad. Los residuos agroindustriales fueron provistos por el "Ingenio Cruz Alta" (Tucumán, Argentina), correspondientes a la zafra 2014, y fueron seleccionados para el estudio teniendo en cuenta su fácil disponibilidad en la región y su bajo costo. Los materiales orgánicos se secaron al aire y se molieron en un molino eléctrico con mallas de diferentes diámetros de porosidad (0,5 y 5,0 mm). Luego, las muestras de residuo molido se tamizaron y se homogeneizaron por separado mediante tamices apropiados para obtener dos grupos de tamaños de partículas: uno enriquecido en partículas de 0,5 mm y el otro enriquecido en partículas de 5,0 mm. Cada grupo se almacenó en recipientes al resguardo de la luz y humedad. La **Tabla 2** muestra las características físico-químicas de los tipos de suelo y residuos empleados.

Tabla 2. Parámetros físico-químicos de los suelos utilizados para los ensayos de biorremediación.

Parámetros	Suelo #1	Suelo #2	Suelo #3	Bagazo	Cachaza
pH [a]	7,6	7,3	6,2		
Carbono orgánico (%) [b]	0,80	0,61	0,58	90,80	73,40
Materia orgánica oxidable (%) [b]	1,30	1,05	1,00	52,70	42,60
Fósforo disponible (%) [c]	0,002	0,004	0,002	0,030	0,880
Nitrógeno total (%) [d]	0,10	0,07	0,04	0,22	2,43
Arcilla (%) [e]	14,3	62,5	2,5		
Limo (%) [e]	59,8	13,8	4,0		
Arena (%) [e]	25,9	23,7	93,5		
Clase Textural [e]	Franco Limoso (SFL)	Arcilloso (SArc)	Arenoso (SAre)		

a: suelo en agua destilada 1:2,5.
b: método de Walkley Black.
c: método de Bray Kurtz.
d: método de Kjeldahl.
e: método del hidrómetro de Bouyucos.

Para llevar a cabo los ensayos de biorremediación por bioaumentación, el suelo acondicionado se dispuso en frascos de vidrio, en fracciones de 40 g cada uno y se ajustó la humedad al 20% con agua destilada. Luego se contaminaron artificialmente con lindano (concentración: 2 mg kg^{-1}) y se inocularon con el consorcio de actinobacterias formado por *Streptomyces* sp. A2, A5, A11 y M7 (concentración: 2 g kg^{-1}) (**Figura 5**). Los microcosmos se mezclaron vigorosamente para lograr la homogeneidad del sistema y se incubaron a 30 °C durante 14 días. El procedimiento se llevó a cabo por triplicado usando como control microcosmos contaminados sin bioaumentar, con el fin de cuantificar la remoción debida a atenuación natural.

Con el objeto de evaluar el efecto de la bioestimulación usando bagazo y cachaza de caña de azúcar en el proceso de biorremediación de lindano por el consorcio definido de actinobacterias, se realizaron ensayos de bioaumentación y bioestimulación simultánea variando la proporción de residuo (PR), el contenido de humedad (CH) y el tamaño de partícula del residuo (TP) (**Tabla 3**). Estas variables independientes y sus niveles correspondientes, se seleccionaron de acuerdo a estudios previos (Antonio Ordaz y col., 2011; García Torres y col., 2011; Aparicio y col., 2015).

Tabla 3. Factores evaluados con sus respectivos niveles

Factores evaluados	**Niveles**	
Proporción de residuo (%)	2	10
Contenido de humedad (%)	20	30
Tamaño de partícula (mm)	0,5	5,0

En la **Tabla 4** se presentan todas las combinaciones posibles de los diferentes factores y niveles ensayados para alcanzar las condiciones de biorremediación de máxima remoción en cada tipo suelo bioestimulado y bioaumentado.

Tabla 4. Combinaciones de factores y niveles para los suelos bioestimulados.

Condiciones	**Factores**		
	Proporción de residuo (%)	**Contenido de humedad (%)**	**Tamaño de partícula (mm)**
1	2	20	0,5
2	10	20	0,5
3	2	30	0,5
4	10	30	0,5
5	2	20	5,0
6	10	20	5,0
7	2	30	5,0
8	10	30	5,0

Para llevar a cabo los ensayos de biorremediación por bioaumentación y bioestimulación simultánea, las muestras de suelo acondicionado (39,2 o 36,0 g) se dispusieron en frascos de vidrio y se contaminaron artificialmente con lindano (concentración final: 2 mg kg^{-1}) e inocularon con el consorcio definido de *Streptomyces* (concentración final: 2 g kg^{-1}). Posteriormente, se agregaron las enmiendas orgánicas (0,8 o 4,0 g) con los diferentes tamaños de partículas (0,5 o 5,0 mm) en las unidades experimentales, de manera de obtener las dos relaciones suelo:residuo en estudio (98:2 y 90:10) y se ajustó la humedad con agua destilada estéril (20 o 30%). Los microcosmos formulados con el suelo, el inóculo, el material orgánico, el agua y el lindano se mezclaron vigorosamente para asegurar la distribución uniforme de todos los componentes en el sistema y se llamaron microcosmos contaminados, bioaumentados y bioestimulados. El procedimiento se llevó a cabo usando como control microcosmos contaminados, bioestimulados y sin bioaumentar, para evaluar el efecto de la bioestimulación. Todos los tratamientos se realizaron por triplicado y se incubaron a 30 °C, durante 14 días (**Figura 5**). Las condiciones que lograron la máxima remoción de lindano al final del ensayo, en suelos bioaumentados con el consorcio definido de actinobacterias y bioestimulados con bagazo o cachaza de caña de azúcar se seleccionaron mediante una herramienta estadística optimizadora de respuestas, la cual identificó la combinación de variables independientes que conjuntamente permitieron maximizar la remoción de lindano en las condiciones evaluadas.

Resulta importante destacar que, si bien la condición óptima se seleccionó teniendo en cuenta la remoción de lindano a los 14 días de incubación, se retiraron microcosmos cada siete días (técnica de sacrificio de viales) en cada condición. En los suelos sin bioestimular y en los suelos bioestimulados en las condiciones donde se obtuvieron los mayores porcentajes de remoción, las muestras se analizaron para determinar el número de microorganismos heterótrofos totales, la concentración de lindano residual y los parámetros cinéticos de remoción de lindano a los 0, 7 y 14 días de incubación.

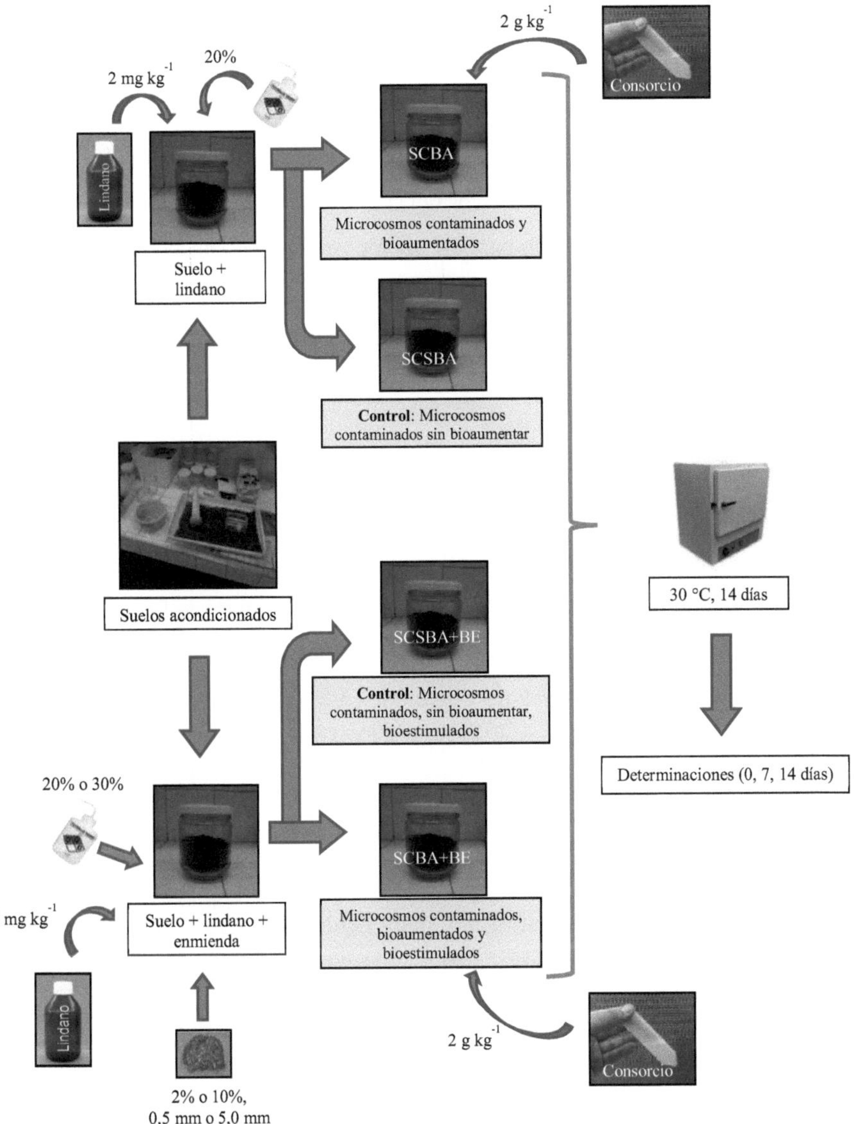

Figura 5. Formulación de microcosmos para ensayos de biorremediación.

3.1. BIOREMEDIACIÓN DE SUELOS CONTAMINADOS CON LINDANO MEDIANTE BIOAUMENTACIÓN

La cuantificación de las poblaciones microbianas heterótrofas (UFC g^{-1} de suelo), durante los 14 días de incubación, permitió evaluar el comportamiento de los microorganismos inoculados y nativos del suelo.

En cada tipo de suelo, tanto para los microcosmos contaminados y bioaumentados con el consorcio, como para sus respectivos controles, los recuentos microbianos presentaron diferencias estadísticamente significativas entre los valores obtenidos en el día 0 y en el día 14 ($p < 0,05$). Además, en los microcosmos contaminados y bioaumentados de los tres tipos de suelos, los recuentos microbianos fueron significativamente mayores que los obtenidos en los controles contaminados sin bioaumentar durante todo el período de incubación ($p < 0,05$) (**Figura 6**).

Al final del ensayo, los mayores recuentos microbianos se obtuvieron en los microcosmos de suelo franco limoso (SFL). Así, por ejemplo, en SFL contaminado y bioaumentado el valor alcanzado fue de $(4,5 \pm 0,2) \times 10^9$ UFC g^{-1}, es decir, un orden de magnitud superior a los valores obtenidos en los microcosmos de suelo arcilloso (SArc) y arenoso (SAre) [$(2,5 \pm 0,5) \times 10^8$ y $(1,8 \pm 0,1) \times 10^8$ UFC g^{-1}, respectivamente]. Los mayores valores de UFC g^{-1} obtenidos en los microcosmos formulados con SFL, son coincidentes con las características físico-químicas más favorables de este tipo de suelo, el cual presenta mayor contenido de carbono orgánico, materia orgánica oxidable y nitrógeno total (**Tabla 2**), además de poseer una mayor densidad microbiana inicial respecto a los otros suelos.

Por otro lado, el hecho de encontrar mayores recuentos microbianos en los suelos bioaumentados con el consorcio cuádruple en estudio, indicaría la presencia de células viables de tales microorganismos, a los 14 días de incubación. Este hallazgo podría atribuirse a la capacidad de las cuatro cepas de *Streptomyces* integrantes del consorcio, para aclimatarse y crecer en suelos de diferentes texturas y tolerar la concentración de lindano evaluada. En trabajos previos, ya se demostró la capacidad de estas actinobacterias para crecer y proliferar en suelos estériles, contaminados y sin contaminar con lindano (Benimeli y col., 2008; Fuentes y col., 2011; Fuentes y col., 2017).

(A)

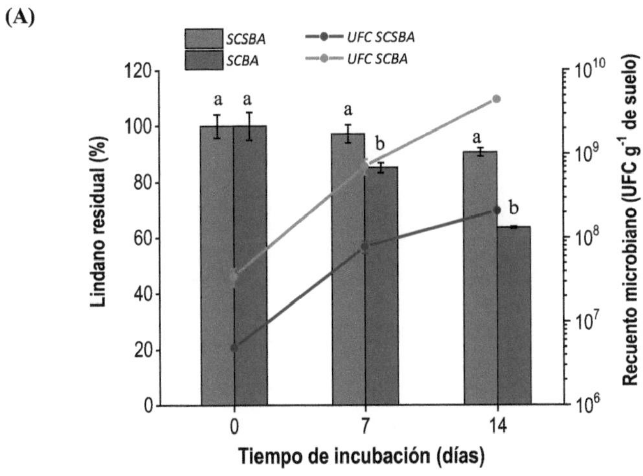

(B)

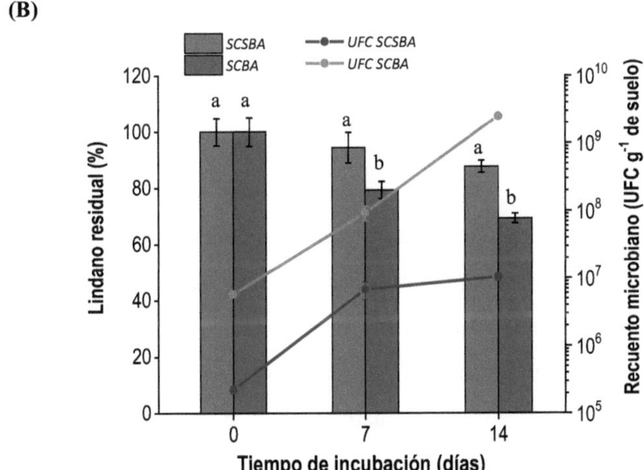

(C)

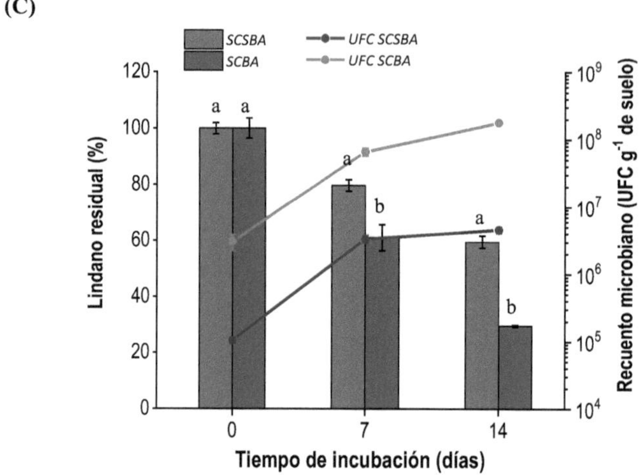

Figura 6. Porcentaje de lindano residual y recuento de microrganismos heterótrofos totales. SCSBA: Suelo contaminado sin bioaumentar; SCBA: Suelo contaminado y bioaumentado. (A) SFL; (B) SArc; (C) SAre. Letras diferentes indican diferencias significativas entre el suelo bioaumentado y el control sin bioaumentar ($p < 0,05$).

Una herramienta útil para evaluar la remoción de lindano en los diferentes tipos de suelos, es determinar la concentración residual del plaguicida mediante cromatografía gaseosa.

En todos los suelos contaminados, se observó remoción de lindano durante los 14 días que duró el ensayo; sin embargo, la disipación del plaguicida no se produjo de la misma manera, ni a la misma velocidad (**Figura 6**). En los sistemas formulados con SFL, se observaron remociones finales del plaguicida del 36% y del 9% para los microcosmos contaminados y bioaumentados y los controles contaminados sin bioaumentar, respectivamente. En los microcosmos formulados con SArc, contaminados y sin bioaumentar, se detectó una disminución en la concentración de lindano del 12%, a los 14 días. Sin embargo, cuando el suelo fue inoculado con el consorcio cuádruple, la remoción final del plaguicida fue del 31%. En los microcosmos contaminados y bioaumentados de SAre se observó la mayor disipación del plaguicida, la cual alcanzó un porcentaje de remoción del 70%, mientras que en los respectivos controles contaminados sin bioaumentar, la remoción fue del 40%, al final del ensayo.

En los tres tipos de suelos, se encontraron diferencias estadísticamente significativas entre los valores de remoción del plaguicida obtenidos en los microcosmos bioaumentados y en sus controles sin bioaumentar ($p < 0,05$). De esta manera, al descontar los porcentajes de remoción obtenidos en los controles, se pudo concluir que las remociones atribuidas a la presencia del cultivo mixto de actinobacterias fueron significativamente diferentes ($p < 0,05$) y alcanzaron valores del 30%, 27% y 19% en SAre, SFL y SArc, respectivamente. Estos resultados refuerzan la hipótesis de que la bioaumentación con consorcios de actinobacterias es importante para degradar lindano en matrices ambientales contaminadas. Además, estudios previos demostraron que la bioaumentación con actinobacterias constituye una herramienta adecuada para el tratamiento de suelos no estériles co-contaminados con plaguicidas y metales pesados (Aparicio y col., 2015; Aparicio y col., 2017; Aparicio y col., 2018).

La disminución en la concentración de lindano observada en los controles contaminados sin bioaumentar podría atribuirse, en parte, a la participación de los microorganismos nativos presentes en los diferentes tipos de suelos en la degradación del plaguicida. Este mecanismo, conocido como atenuación natural, es una de las principales vías de biodegradación de contaminantes recalcitrantes por comunidades microbianas autóctonas del suelo (Declercq y col., 2012).

Otro factor que se debe considerar al evaluar la remoción de lindano en los controles contaminados sin bioaumentar, es la adsorción del plaguicida a las partículas del suelo, tales como arcilla y sustancias húmicas. Dicha adsorción, dificulta su extracción y conduce a la obtención de una menor concentración experimental del plaguicida, en relación a la concentración teórica inicial empleada (Laquitaine y col., 2016; Fuentes y col., 2017).

Existe evidencia en la literatura que la biodegradación de compuestos orgánicos tóxicos en los suelos no sólo depende de las capacidades de los diferentes microorganismos para usarlos como fuentes de carbono y energía, sino también de la textura de la matriz (Cycoń y col., 2013; Fuentes y col., 2017). Debido a esto, es posible que la variación obtenida en los porcentajes de remoción de lindano haya estado asociada a las distintas propiedades físico-químicas de los suelos, las cuales habrían conducido a una diferente biodisponibilidad del plaguicida para los microorganismos degradadores en los distintos sistemas.

Al comparar la eficiencia de remoción de lindano en los diferentes microcosmos contaminados y bioaumentados, el mayor valor se observó en SAre, donde se logró una remoción del plaguicida del 70% en 14 días. El suelo arenoso empleado presenta bajos contenidos de arcilla y materia orgánica, por lo que es razonable suponer que la adsorción de lindano a sus partículas fue menor en comparación con los suelos franco limoso y arcilloso, resultando en una mayor concentración del plaguicida en la solución acuosa del suelo (fase líquida), lo cual favoreció su biodegradación (Mendes y col., 2017). La mínima tasa de remoción del plaguicida se observó en los microcosmos de SArc contaminados y bioaumentados con el consorcio de *Streptomyces*. Esto podría deberse al predominio de partículas finas de arcilla con gran área superficial, las cuales podrían adsorber lindano o formar complejos con dicho plaguicida, disminuyendo así su biodisponibilidad y, por lo tanto, la degradación microbiana (Rama Krishna y Philip, 2011).

3.2. BIOREMEDIACIÓN DE SUELOS CONTAMINADOS CON LINDANO MEDIANTE BIOAUMENTACIÓN Y BIOESTIMULACIÓN

3.2.1. SELECCIÓN DE LAS CONDICIONES DE MÁXIMA REMOCIÓN DE LINDANO

A pesar de que la información disponible acerca de la aplicación simultánea de bioaumentación con actinobacterias y bioestimulación con enmiendas orgánicas en diferentes tipos de suelos es aún limitada, se sabe que este tipo de procesos biológicos puede ser afectado por factores físico-químicos, entre los cuales se destaca la proporción del material orgánico añadido.

Debido a esto, se evaluó el efecto de la proporción de residuo (PR), contenido de humedad (CH) y tamaño de partícula del residuo (TP) sobre el proceso de biorremediación, en los tres tipos de suelos contaminados, bioestimulados con los residuos agroindustriales y bioaumentados con el consorcio cuádruple.

La **Figura 7** representa los porcentajes remoción de lindano en SFL, SArc y SAre bioestimulados con bagazo a los 14 días de incubación, en las diferentes condiciones evaluadas, comparando los microcosmos bioaumentados con sus respectivos controles sin bioaumentar.

En la mayoría de las condiciones evaluadas, la remoción del plaguicida fue significativamente mayor en los microcosmos bioaumentados y bioestimulados con el residuo que en los respectivos controles bioestimulados sin bioaumentar ($p < 0,05$).

Para los microcosmos de SFL bioaumentados y bioestimulados con bagazo, los porcentajes de remoción oscilaron entre 21 y 55% en las diferentes condiciones, mientras que para sus respectivos controles estuvieron comprendidos entre 10 y 24% (**Figura 7A**).

En el caso de los SArc bioestimulados con bagazo, la remoción a los 14 días de incubación, presentó valores entre 9 y 63%, y entre 9 y 22%, para los microcosmos bioaumentados y los controles sin bioaumentar, respectivamente. Es importante destacar que, tanto en los suelos bioaumentados como en los suelos sin bioaumentar, las remociones de lindano en los microcosmos bioestimulados con partículas de bagazo de 0,5 mm fueron muy bajas respecto a los valores obtenidos en los microcosmos bioestimulados con partículas de 5,0 mm (Figura 7B), lo que demuestra un efecto importante ejercido por el tamaño de partícula de bagazo sobre el proceso de remoción del plaguicida en este tipo de suelo. Además, no se encontraron diferencias significativas entre los microcosmos bioaumentados y sus respectivos controles en las condiciones 1 y 2, correspondientes a 2% PR, 20% CH, 0,5 mm TP y 10% PR, 20% CH, 0,5 mm TP, respectivamente ($p > 0,05$).

Respecto a los SAre bioestimulados con bagazo, se obtuvieron porcentajes de remoción del plaguicida entre 17 y 73% para los microcosmos bioaumentados, mientras que, en los controles sin bioaumentar, estos porcentajes oscilaron entre 12 y 30%. Resulta importante resaltar que no se encontraron diferencias estadísticamente significativas en los porcentajes de remoción obtenidos entre los microcosmos bioaumentados y sus controles sin bioaumentar en la condición 1 (2% PR, 20% CH, 0,5 mm TP) ($p > 0,05$) (**Figura 7C**).

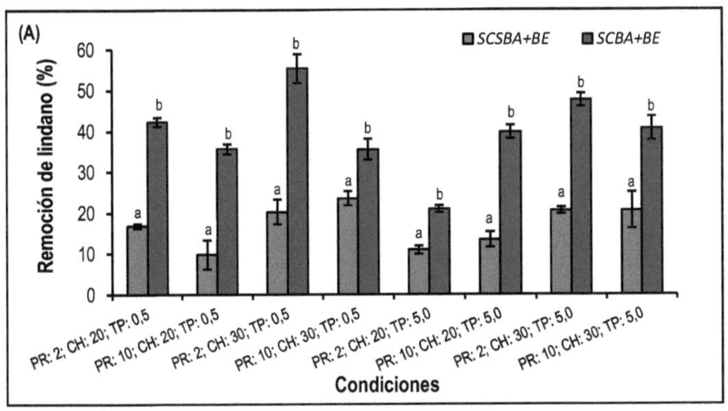

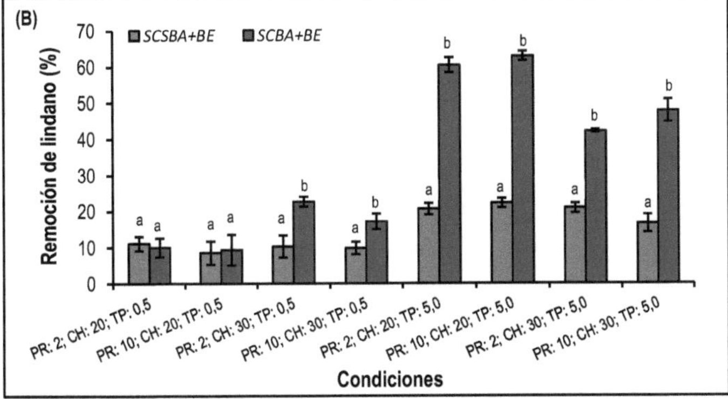

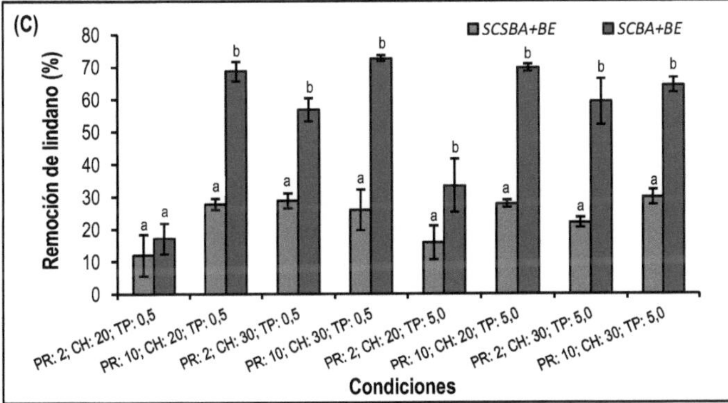

Figura 3.13. Remoción de lindano a los 14 días de incubación, en las diferentes condiciones de bioestimulación con bagazo. PR: Proporción de residuo (%); CH: Contenido de humedad (%); TP: Tamaño de partícula (mm). SCSBA+BE: Suelo contaminado, sin bioaumentar, bioestimulado; SCBA+BE: Suelo contaminado, bioaumentado y bioestimulado. (A) SFL; (B) SArc; (C) SAre. Letras diferentes indican diferencias significativas entre los suelos bioaumentados y sus respectivos controles sin bioaumentar ($p < 0,05$).

La **Figura 8** representa los porcentajes remoción de lindano en SFL, SArc y SAre bioestimulados con cachaza a los 14 días de incubación, en las diferentes condiciones evaluadas, comparando los microcosmos bioaumentados con sus respectivos controles sin bioaumentar.

En todas las condiciones evaluadas, el análisis de diferencias significativas demostró que la remoción del plaguicida fue significativamente mayor en los microcosmos bioaumentados y bioestimulados con el residuo, que en sus respectivos controles bioestimulados sin bioaumentar ($p < 0,05$). Para los microcosmos de SFL bioaumentados y bioestimulados con cachaza, los porcentajes de remoción oscilaron entre 20 y 61% en las diferentes condiciones, mientras que, en sus respectivos controles, los valores estuvieron comprendidos entre 10 y 26% (**Figura 8A**). En el caso de los microcosmos de SArc bioestimulados con cachaza, la remoción a los 14 días de incubación, presentó valores entre 22 y 71% y entre 12 y 31%, para los microcosmos bioaumentados y los controles sin bioaumentar, respectivamente (**Figura 8B**). Respecto a los SAre bioestimulados con cachaza, se obtuvieron valores de remoción del plaguicida entre 47 y 86% en los microcosmos bioaumentados, mientras que en los controles, estos porcentajes oscilaron entre 26 y 36% (**Figura 8C**).

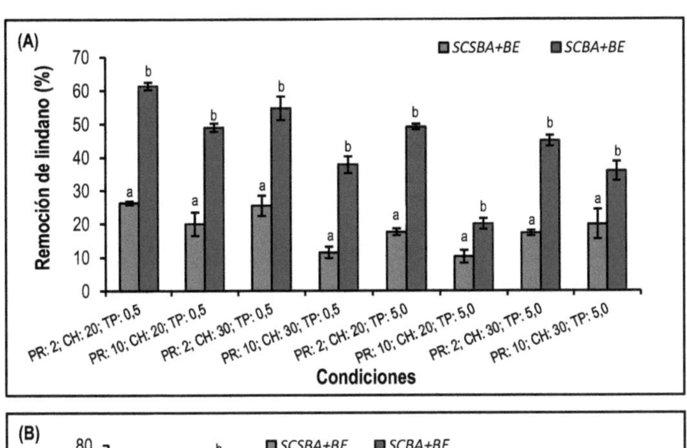

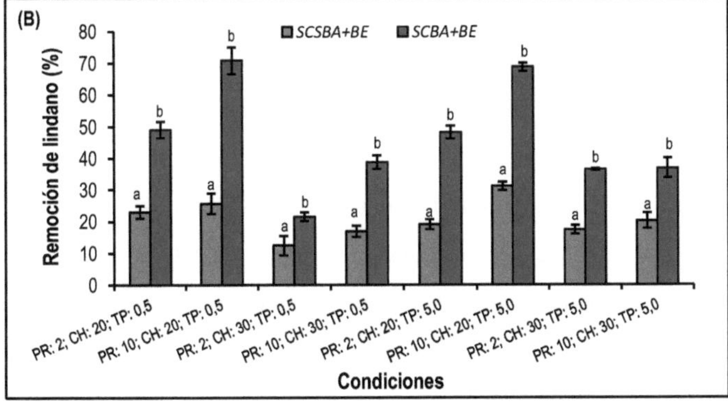

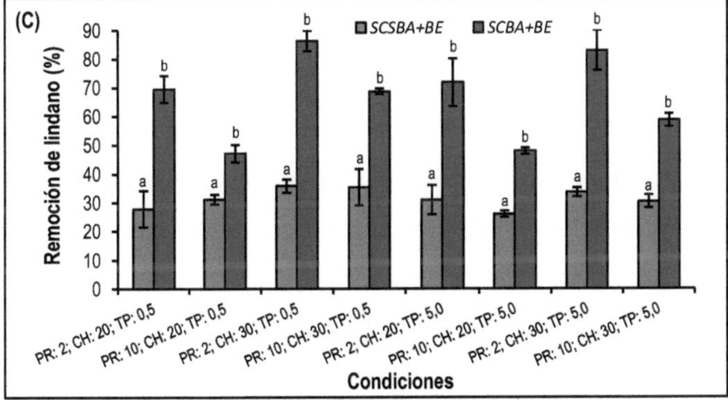

Figura 3.20. Remoción de lindano a los 14 días de incubación, en las diferentes condiciones de bioestimulación con cachaza. PR: Proporción de residuo (%); CH: Contenido de humedad (%); TP: Tamaño de partícula (mm). SCSBA+BE: Suelo contaminado, sin bioaumentar, bioestimulado; SCBA+BE: Suelo contaminado, bioaumentado y bioestimulado. (A) SFL; (B) SArc; (C) SAre. Letras diferentes indican diferencias significativas entre los suelos bioaumentados y sus respectivos controles sin bioaumentar ($p < 0{,}05$).

Cuando se aplican protocolos de biorremediación, uno de los principales objetivos es alcanzar su optimización, es decir, determinar las condiciones en las cuales el proceso es más eficiente. En el presente trabajo, se seleccionaron las condiciones que lograron la máxima remoción de lindano, en suelos bioaumentados con el consorcio definido de actinobacterias y bioestimulados con bagazo y cachaza de caña de azúcar. Para ello, se utilizó una herramienta estadística optimizadora de respuestas, la cual identificó la combinación de variables independientes que conjuntamente permitieron maximizar la remoción de lindano en las condiciones evaluadas.

De esta forma, y de acuerdo al *software* estadístico, la máxima remoción de lindano en microcosmos de SFL bioaumentados a los 14 días de incubación (55%) se logró al bioestimular dichos sistemas con un 2% de partículas de bagazo de 0,5 mm y empleando una humedad del 30%. En el caso de los microcosmos de SArc bioaumentados, la mayor remoción del plaguicida (63%) se alcanzó al emplear una humedad del 20% y un 10% de partículas de bagazo de 5,0 mm. Respecto a los microcosmos de SAre bioaumentados, la máxima remoción de la concentración inicial del plaguicida (73%) se logró con una humedad del 30% y un 10% de partículas de bagazo de 0,5 mm.

Cuando los suelos bioaumentados fueron bioestimulados con cachaza de caña de azúcar, las combinaciones de los parámetros que permitieron lograr la máxima remoción del plaguicida fueron diferentes respecto a las obtenidas para los suelos bioaumentados y bioestimulados con bagazo. En este sentido, y de acuerdo al *software* estadístico, en microcosmos de SFL bioaumentados, la bioestimulación con 2% de partículas de cachaza de 0,5 mm y una humedad del 20% permitieron alcanzar la máxima remoción de lindano (61%), a los 14 días de incubación. Para el mismo período de tiempo, la máxima disipación del plaguicida en microcosmos de SArc bioaumentados (71%), se logró al bioestimular dichos sistemas con 10% de partículas de cachaza de 0,5 mm y con una humedad del 20%. Respecto a los microcosmos de SAre bioaumentados, la óptima remoción de lindano (86%) se alcanzó en suelos bioestimulados con un 2% de partículas de cachaza de 0,5 mm y con un 30% de humedad.

Las condiciones óptimas de remoción de lindano en cada tipo de suelo se resumen en la **Tabla 5**.

Tabla 5. Condiciones óptimas de remoción de lindano en los microcosmos de suelos contaminados, bioaumentados con el consorcio de actinobacterias y bioestimulados con los residuos agroindustriales.

Microcosmos	PR (%)	CH (%)	TP (mm)
SFL + consorcio + bagazo	2	30	0,5
SArc + consorcio + bagazo	10	20	5,0
SAre + consorcio + bagazo	10	30	0,5
SFL + consorcio + cachaza	2	20	0,5
SArc + consorcio + cachaza	10	20	0,5
SAre + consorcio + cachaza	2	30	0,5

PR: Proporción de residuo; **CH:** Contenido de humedad; **TP:** Tamaño de partícula.

Si bien la adición de enmiendas orgánicas a los suelos contaminados puede facilitar la degradación de contaminantes, aportando fuentes de carbono y nutrientes suplementarios, resultó necesario determinar la proporción óptima de suelo:suplemento orgánico, ya que una relación inapropiada puede inhibir o retardar la actividad microbiana biorremediadora y/o disminuir la biodisponibilidad del plaguicida en el suelo para la degradación microbiana (Ren y col., 2017). Por ejemplo, un suplemento excesivo puede inhibir la remoción del contaminante debido a que la fuente de carbono añadida se consume de manera preferencial sobre los compuestos xenobióticos (Dzul Puc y col., 2005).

En algunos casos, sin embargo, resulta conveniente la aplicación de altos contenidos de residuos orgánicos, especialmente cuando se trabaja con suelos arcillosos donde es necesario adicionar estos materiales con el objeto de mejorar la estructura, porosidad y difusión de oxígeno en estas matrices, o bien cuando se trabaja con suelos arenosos, donde el agregado de los materiales orgánicos tienden a incrementar la retención del contaminante y a minimizar la percolación del mismo (García y col., 2012).

En el presente trabajo, la proporción de residuo necesaria para obtener la máxima remoción fue variable entre los distintos tipos de suelos. En SFL bioaumentado, resultó apropiado el uso de 2% de bagazo y cachaza, mientras que en SArc bioaumentado fue conveniente la aplicación de 10% de ambos residuos. En el caso del SAre bioaumentado, la situación resultó más ambigua: fue necesario un 10% de bagazo para obtener las óptimas condiciones de biorremediación, mientras que, al usar cachaza, bastó con un 2% de la misma para obtener la máxima disipación del plaguicida.

Respecto al tamaño de partículas, resultó adecuado el empleo de partículas de 0,5 mm, tanto de bagazo como de cachaza de caña de azúcar, en la mayoría de los tratamientos optimizados. La disminución del tamaño de la enmienda orgánica, aumenta la superficie específica, por lo que hay mayor área de contacto entre la partícula y los microorganismos, lo que favorece tanto la colonización del material por parte de los microorganismos, como su actividad biorremediadora, lo que acelera la velocidad de descomposición del material (Chang y col., 2009). Sin embargo, las partículas de menor tamaño podrían producir un efecto negativo, al impedir una oxigenación eficiente del sistema (Matus y col., 2006).

En el presente trabajo, los microcosmos de suelos arcillosos bioaumentados y bioestimulados con bagazo, presentaron la máxima remoción de lindano (63%) al emplear partículas de 5,0 mm. Cuando estos suelos se enmendaron con partículas de bagazo del menor tamaño, la eficiencia de remoción fue inferior al 20% en todos los casos. Estos resultados podrían atribuirse a que las partículas de bagazo de mayor tamaño mejoraron la porosidad del suelo, logrando mayores niveles de oxigenación necesarios para los procesos de remoción del contaminante. Este hallazgo es consistente con la investigación de Antonio Ordaz y col. (2011), quienes biorremediaron suelos arcillosos contaminados con petróleo crudo por bioestimulación con 2% de bagazo de caña de azúcar, evaluando dos tamaños de partículas (0,84 y 4,76 mm). Los autores observaron que la máxima remoción se obtuvo mediante el uso de partículas más grandes.

El contenido de humedad juega un papel importante en un proceso de biorremediación porque el agua favorece el desarrollo de microorganismos que degradan los contaminantes. La falta de hidratación o la baja biodisponibilidad de agua líquida, limita el proceso de biodegradación (Su y col., 2017). Además, la humedad afecta el pH y el potencial rédox del suelo, modificando la movilidad de los contaminantes. Debido a su naturaleza hidrofóbica, la movilidad de lindano disminuye con los incrementos en la humedad (Willett y col., 1998). En el presente estudio, la remoción de lindano fue máxima en los microcosmos de SAre bioaumentados con un contenido de humedad del 30%, mientras que en los microcosmos de SArc bioaumentados, la optimización se logró con un contenido de humedad del 20%, independientemente del residuo agroindustrial empleado. Esto último podría deberse a que las partículas de arcilla forman una estructura adherente en presencia de altos contenidos de agua, lo que conduce a una baja transferencia y disponibilidad de oxígeno para los microorganismos como consecuencia de la saturación de los poros por los elevados niveles de agua (Haghollahi y col., 2016). Dicho problema no se presentaría en los suelos arenosos, debido a que su mayor porosidad permite una transferencia de oxígeno más eficiente, lo que resulta esencial para la biodegradación de los contaminantes, además de proporcionar el espacio suficiente para el crecimiento microbiano. En el caso de los microcosmos formulados con SFL, el efecto de la humedad fue variable, de acuerdo al residuo utilizado. Al emplear bagazo como agente bioestimulante en los microcosmos de SFL bioaumentados, el contenido de humedad óptimo fue del 30%, mientras que, al utilizar cachaza, la máxima remoción se logró con un 20% de humedad.

3.2.2. PARÁMETROS CINÉTICOS Y BIOLÓGICOS EN EL PROCESO DE BIORREMEDIACIÓN DE LINDANO, EN LAS CONDICIONES ÓPTIMAS

Con el objetivo de evaluar si el uso conjunto de las enmiendas orgánicas y del consorcio microbiano, incrementaba la remoción del contaminante, en las condiciones óptimas, respecto a los microcosmos bioaumentados sin el agregado de los residuos, se realizaron recuentos de microorganismos heterótrofos totales y se evaluaron los parámetros cinéticos de degradación del plaguicida, en cada una de las condiciones previamente optimizadas (**Tabla 5**), a los 0, 7 y 14 días de incubación.

Al analizar el desarrollo microbiano tanto en suelos bioaumentados con el consorcio microbiano y bioestimulados con bagazo como en sus respectivos controles, el recuento de microorganismos heterótrofos totales incrementó durante el período de incubación, determinándose diferencias estadísticamente significativas entre los valores registrados en el tiempo inicial (día 0) y final (día 14) ($p < 0{,}05$) (**Figuras 9, 10** y **11**). En los tres suelos contaminados, bioaumentados con el consorcio y bioestimulados con bagazo, los valores de UFC g^{-1} fueron significativamente mayores que los obtenidos en los controles contaminados, bioestimulados y sin bioaumentar, durante todo el ensayo ($p < 0{,}05$). Además, es importante destacar que, en todos los microcosmos contaminados y bioestimulados, la remoción de lindano fue significativamente mayor en aquellos bioaumentados que en los controles sin bioaumentar ($p < 0{,}05$).

En los microcosmos de SFL bioestimulados con bagazo, se registraron recuentos microbianos finales de $(5{,}2 \pm 0{,}1) \times 10^{10}$ y $(4{,}6 \pm 0{,}2) \times 10^{8}$ UFC g^{-1} para el sistema contaminado y bioaumentado y el control contaminado sin bioaumentar, respectivamente (**Figura 9**). No se observaron diferencias significativas entre los recuentos microbianos obtenidos en ambos controles ($p > 0{,}05$). Respecto al proceso de biorremediación, en los microcosmos bioaumentados se observó una marcada remoción de lindano durante los primeros 7 días de incubación. En estos sistemas, la remoción fue del 55% a los 14 días, mientras que en los controles sin bioaumentar, se alcanzó una remoción del 20%, para el mismo período de tiempo (**Figura 9**).

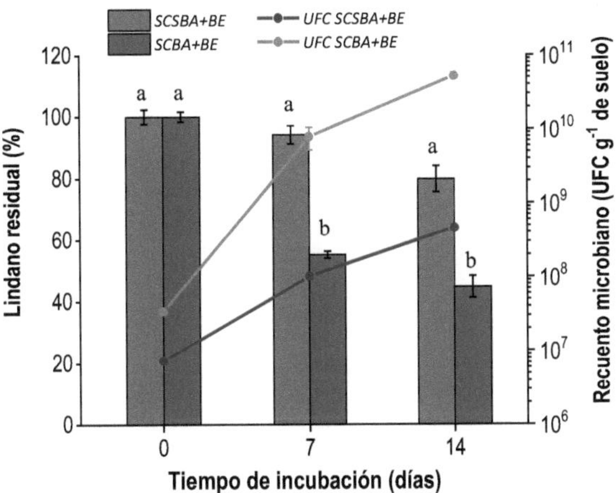

Figura 9. Porcentaje de lindano residual y recuento de microrganismos heterótrofos totales en microcosmos de SFL bioestimulados con bagazo. SCSBA+BE: Suelo contaminado, sin bioaumentar, bioestimulado; SCBA+BE: Suelo contaminado, bioaumentado y bioestimulado. Letras diferentes indican diferencias significativas entre el suelo bioaumentado y el control sin bioaumentar ($p < 0,05$).

En el caso de los microcosmos de SArc, el recuento microbiano alcanzó un valor de (8,3 ± 0,6) x 10^7 UFC g^{-1}, en los controles contaminados sin bioaumentar bioestimulados con bagazo. En cambio, en los microcosmos contaminados, bioaumentados y bioestimulados con bagazo, el recuento microbiano obtenido al final del ensayo, (2,7± 0,3) x 10^9 UFC g^{-1}, fue significativamente mayor al registrado en el control ($p < 0,05$) (**Figura 10**). Respecto al proceso de biorremediación, se observaron remociones finales de lindano del 63% y 22% para los microcosmos bioaumentados y sin bioaumentar, respectivamente (**Figura 10**). En los sistemas bioaumentados, dicha remoción fue más notoria entre los 7 y 14 días de incubación.

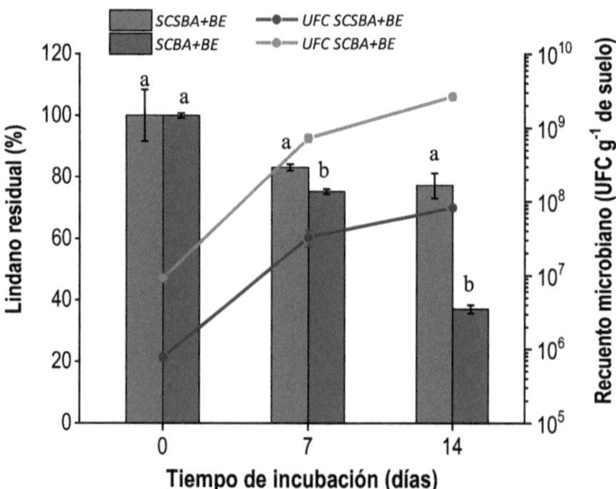

Figura 10. Porcentaje de lindano residual y recuento de microrganismos heterótrofos totales en microcosmos de SArc bioestimulados con bagazo. SCSBA+BE: Suelo contaminado, sin bioaumentar, bioestimulado; SCBA+BE: Suelo contaminado, bioaumentado y bioestimulado. Letras diferentes indican diferencias significativas entre el suelo bioaumentado y el control sin bioaumentar ($p < 0,05$).

En los microcosmos de SAre contaminados, bioaumentados y bioestimulados con bagazo, la densidad poblacional inicial incrementó hasta alcanzar un valor de (4,0 ± 0,7) x 10^8 UFC g^{-1}, al final del período de incubación. Por su parte, los controles contaminados, bioestimulados con el residuo agroindustrial y sin bioaumentar presentaron un valor final de (1,1 ± 0,1) x 10^7 (**Figura 11**). Como se observa en la **Figura 11**, en estos sistemas formulados con SAre y bioestimulados con bagazo, la disipación más importante de lindano se alcanzó en los microcosmos bioaumentados, donde una remoción del 73% del plaguicida se registró al final del ensayo; dicha disipación fue más evidente entre los 7 y 14 días de incubación. En su respectivo control sin bioaumentar, se observó una menor remoción (26%) a los 14 días.

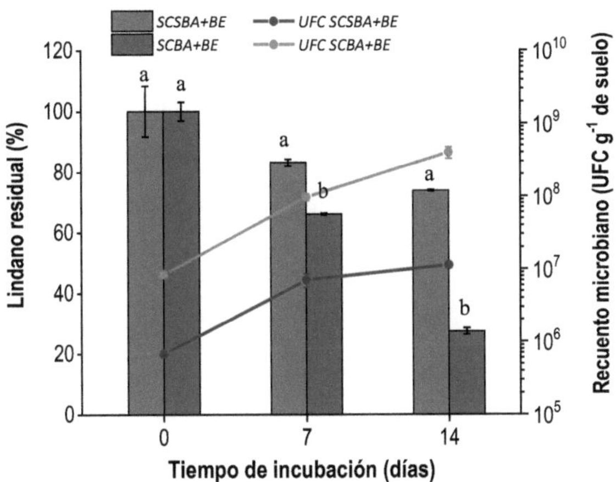

Figura 11. Porcentaje de lindano residual y recuento de microrganismos heterótrofos totales en microcosmos de SAre bioestimulados con bagazo. SCSBA+BE: Suelo contaminado, sin bioaumentar, bioestimulado; SCBA+BE: Suelo contaminado, bioaumentado y bioestimulado. Letras diferentes indican diferencias significativas entre el suelo bioaumentado y el control sin bioaumentar ($p < 0,05$).

Al analizar el desarrollo microbiano en los distintos suelos bioaumentados con el consorcio microbiano y bioestimulados con cachaza, en las condiciones óptimas determinadas (**Tabla 5**), así como en sus respectivos controles, se encontraron diferencias estadísticamente significativas entre los valores registrados en el tiempo inicial y en el tiempo final de ensayo ($p < 0,05$) (**Figuras 12, 13** y **14**). En cada tipo de suelo, hubo diferencias significativas entre los valores de UFC g^{-1} obtenidos en las diferentes condiciones, siendo mayores en los microcosmos contaminados, bioaumentados y bioestimulados, a lo largo de todo el ensayo ($p < 0,05$). Además, en todos los suelos contaminados, la remoción de lindano fue significativamente mayor en los microcosmos bioaumentados que en los controles sin bioaumentar ($p < 0,05$).

En los microcosmos de SFL bioestimulados con cachaza, se registraron recuentos microbianos finales de (5,4 ± 1,1) x 10^{10} y (6,4 ± 1,2) x 10^{8} UFC g^{-1} para el sistema contaminado y bioaumentado y el control contaminado sin bioaumentar, respectivamente (**Figura 12**). Respecto a la biorremediación de lindano, se observó que la misma fue gradual y mayor en los microcosmos bioaumentados con el consocio microbiano, donde se alcanzó un valor del 61% al final del ensayo. En su respectivo control sin bioaumentar, se registró un 26% de remoción, para el mismo período de tiempo (**Figura 12**).

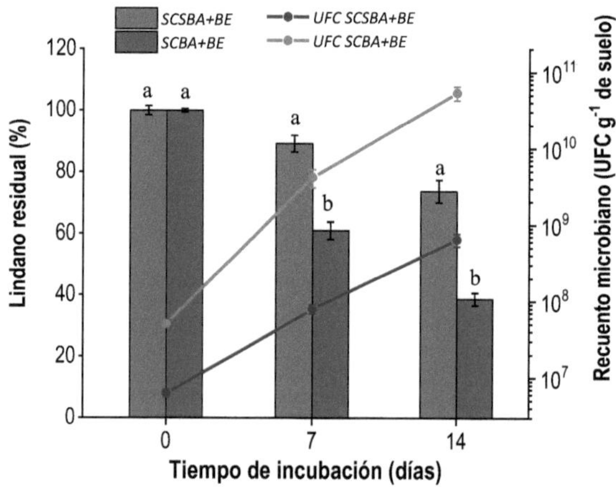

Figura 12. Porcentaje de lindano residual y recuento de microrganismos heterótrofos totales en microcosmos de SFL bioestimulados con cachaza. SCSBA+BE: Suelo contaminado, sin bioaumentar, bioestimulado; SCBA+BE: Suelo contaminado, bioaumentado y bioestimulado. Letras diferentes indican diferencias significativas entre el suelo bioaumentado y el control sin bioaumentar ($p < 0,05$).

En los microcosmos de SArc contaminados, bioaumentados y bioestimulados con cachaza, el recuento microbiano incrementó a lo largo del ensayo, presentando al final del mismo, un valor de (3,2 ± 1,0) x 10^9 UFC g^{-1}; dicho valor fue significativamente mayor que el obtenido en el control contaminado, bioestimulado y sin bioaumentar (7,6 ± 1,2) x 10^7 UFC g^{-1} ($p < 0,05$) (**Figura 13**). Respecto al proceso de biorremediación, en los microcosmos bioaumentados se observó una marcada disminución en la concentración inicial de lindano, durante los primeros 7 días de incubación; en dichos sistemas, la remoción fue del 71% al final del ensayo, mientras que en su respectivo control sin bioaumentar, la disipación del plaguicida fue del 26%, para el mismo período de tiempo (**Figura 13**).

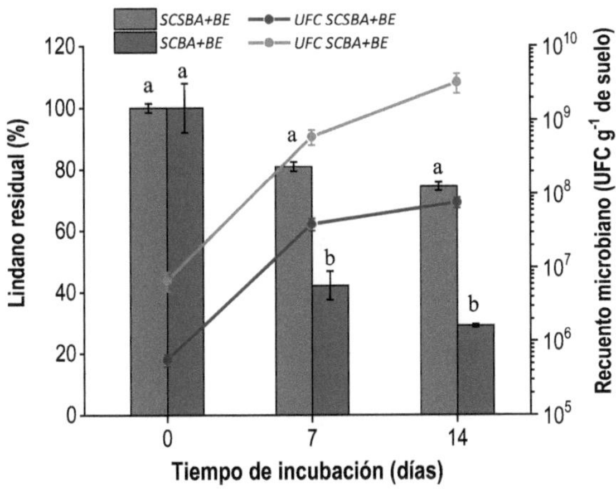

Figura 13. Porcentaje de lindano residual y recuento de microrganismos heterótrofos totales en microcosmos de SArc bioestimulados con cachaza. SCSBA+BE: Suelo contaminado, sin bioaumentar, bioestimulado; SCBA+BE: Suelo contaminado, bioaumentado y bioestimulado. Letras diferentes indican diferencias significativas entre el suelo bioaumentado y el control sin bioaumentar ($p < 0,05$).

En los microcosmos de SAre contaminados, bioaumentados y bioestimulados con cachaza, la densidad poblacional inicial incrementó hasta alcanzar un valor promedio de (5,3 ± 1,6) x 10^8 UFC g^{-1}, al final del ensayo. Por su parte, los controles contaminados, bioestimulados con cachaza y sin bioaumentar presentaron valores finales de (1,2 ± 0,1) x 10^7 UFC g^{-1} (**Figura 14**). Al analizar la concentración residual de lindano, se observó una importante disminución de la misma durante los primeros 7 días de ensayo, tanto en los microcosmos bioaumentados como en los controles. A los 14 días de incubación, la remoción del plaguicida fue del 86% y del 36% para los sistemas bioaumentados y sin bioaumentar, respectivamente (**Figura 14**).

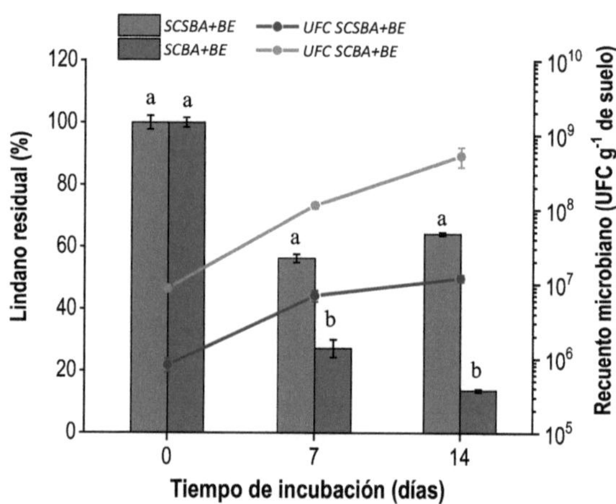

Figura 14. Porcentaje de lindano residual y recuento de microrganismos heterótrofos totales en microcosmos de SAre bioestimulados con cachaza. SCSBA+BE: Suelo contaminado, sin bioaumentar, bioestimulado; SCBA+BE: Suelo contaminado, bioaumentado y bioestimulado. Letras diferentes indican diferencias significativas entre el suelo bioaumentado y el control sin bioaumentar ($p < 0,05$).

Al igual que en los sistemas sin bioestimulación con los residuos agroindustriales, se encontraron diferencias estadísticamente significativas entre los valores de remoción obtenidos en los microcosmos bioaumentados y en los controles sin bioaumentar ($p <$ 0,05). De esta manera, al descontar los porcentajes de remoción de lindano obtenidos en los controles, se pudo concluir que las remociones atribuidas a la presencia del cultivo mixto fueron del 35%, 41% y 47% en SFL, SArc y SAre, respectivamente, cuando los microcosmos fueron bioestimulados con bagazo. Del mismo modo, remociones del 35%, 45% y 50% fueron atribuidas al consorcio cuádruple en SFL, SArc y SAre, respectivamente, cuando los microcosmos fueron bioestimulados con cachaza. Estos resultados demuestran la capacidad del consorcio microbiano para degradar el plaguicida, a partir de diferentes matrices contaminadas y enmendadas con diferentes tipos de sustratos, incluso en presencia de los microorganismos edáficos y de aquellos inherentes al residuo agroindustrial. Además, los porcentajes de remoción de lindano correspondientes a la acción del consorcio de actinobacterias fueron significativamente mayores en los suelos enmendados que en los suelos sin enmendar ($p <$ 0,05). Esta observación es muy importante, ya que demuestra que las enmiendas incrementan la actividad remediadora del consorcio.

3.2.3. SELECCIÓN DEL TRATAMIENTO DE BIORREMEDIACIÓN MÁS EFECTIVO

Para seleccionar el tratamiento de biorremediación más efectivo en cada tipo de suelo, y analizar si la aplicación de los residuos agroindustriales, en las condiciones previamente optimizadas, logró incrementar la remoción del plaguicida, respecto a los suelos sin el agregado de dichas enmiendas orgánicas, se realizó un análisis de varianza entre los diferentes tratamientos estudiados (**Tabla 6**).

En la **Tabla 6** se comparan los valores de remoción de lindano y recuento de microorganismos heterótrofos totales, a los 14 días de ensayo, para los distintos tratamientos de biorremediación aplicados. Además, se comparan los valores de dos parámetros cinéticos (tiempo de vida media y constante de velocidad de remoción). Estos valores de parámetros cinéticos se obtuvieron luego de encontrar que el modelo de cinética de primer orden ajustó los datos de remoción de lindano de forma más precisa que los modelos de orden cero y de segundo orden en todos los casos (suelos bioestimulados y sin bioestimular).

Tabla 6. Comparación de los diferentes tratamientos de biorremediación, a los 14 días de ensayo. Letras diferentes indican diferencias significativas entre los tratamientos ($p < 0,05$).

Tratamientos	Parámetros			
	Remoción (%)	Recuento (UFC g^{-1})	$T_{1/2}$ (d)	k (d^{-1})
SFL (AN)	9 ± 4^{a}	$(2,1 \pm 0,1)$ x $10^{8\,a'}$	$99,0 \pm 0,3^{a''}$	$0,007 \pm 0,002^{a'''}$
SFL + bagazo (BEBg)	20 ± 3^{b}	$(4,6 \pm 0,2)$ x $10^{8\,b'}$	$43,3 \pm 0,3^{b''}$	$0,016 \pm 0,004^{b'''}$
SFL + cachaza (BECa)	26 ± 3^{b}	$(6,4 \pm 1,2)$ x $10^{8\,c'}$	$33,0 \pm 0,1^{c''}$	$0,021 \pm 0,003^{b'''}$
SFL + consorcio (BA)	36 ± 3^{c}	$(4,5 \pm 0,2)$ x $10^{9\,d'}$	$21,7 \pm 0,2^{d''}$	$0,032 \pm 0,005^{c'''}$
SFL + consorcio + bagazo (BA+BEBg)	55 ± 4^{d}	$(5,2 \pm 0,1)$ x $10^{10\,e'}$	$12,0 \pm 0,3^{e''}$	$0,058 \pm 0,016^{d'''}$
SFL + consorcio + cachaza (BA+BECa)	61 ± 2^{d}	$(5,4 \pm 1,1)$ x $10^{10\,e'}$	$10,2 \pm 0,0^{f''}$	$0,068 \pm 0,002^{d'''}$
SArc (AN)	12 ± 6^{a}	$(1,0 \pm 0,1)$ x $10^{7\,a'}$	$77,0 \pm 0,7^{a''}$	$0,009 \pm 0,006^{a'''}$
SArc + bagazo (BEBg)	22 ± 1^{b}	$(8,3 \pm 0,6)$ x $10^{7\,b'}$	$39,0 \pm 0,2^{b''}$	$0,018 \pm 0,004^{ab'''}$
SArc + cachaza (BECa)	26 ± 2^{b}	$(7,6 \pm 1,2)$ x $10^{7\,b'}$	$33,0 \pm 0,2^{c''}$	$0,021 \pm 0,005^{bc'''}$
SArc + consorcio (BA)	31 ± 2^{c}	$(2,5 \pm 0,5)$ x $10^{8\,c'}$	$26,7 \pm 0,2^{d''}$	$0,026 \pm 0,004^{c'''}$
SArc + consorcio + bagazo (BA+BEBg)	63 ± 1^{d}	$(2,7 \pm 0,3)$ x $10^{9\,d'}$	$9,8 \pm 0,2^{e''}$	$0,071 \pm 0,017^{d'''}$
SArc + consorcio + cachaza (BA+BECa)	71 ± 2^{e}	$(3,2 \pm 1,0)$ x $10^{9\,d'}$	$7,9 \pm 0,2^{f''}$	$0,088 \pm 0,020^{d'''}$
SAre (AN)	40 ± 3^{a}	$(4,6 \pm 0,5)$ x $10^{6\,a'}$	$18,7 \pm 0,1^{a''}$	$0,037 \pm 0,003^{a'''}$
SAre + bagazo (BEBg)	26 ± 6^{b}	$(1,1 \pm 0,1)$ x $10^{7\,b'}$	$32,0 \pm 0,1^{b''}$	$0,022 \pm 0,003^{b'''}$
SAre + cachaza (BECa)	36 ± 2^{a}	$(1,2 \pm 0,1)$ x $10^{7\,b'}$	$22,4 \pm 0,9^{c''}$	$0,031 \pm 0,029^{ab'''}$
SAre + consorcio (BA)	70 ± 1^{c}	$(1,8 \pm 0,1)$ x $10^{8\,c'}$	$8,0 \pm 0,1^{d''}$	$0,087 \pm 0,009^{c'''}$
SAre + consorcio + bagazo (BA+BEBg)	73 ± 1^{c}	$(4,0 \pm 0,7)$ x $10^{8\,cd'}$	$7,5 \pm 0,2^{d''}$	$0,092 \pm 0,019^{c'''}$
SAre + consorcio + cachaza (BA+BECa)	86 ± 1^{d}	$(5,3 \pm 1,6)$ x $10^{8\,d'}$	$4,9 \pm 0,2^{e''}$	$0,142 \pm 0,025^{d'''}$

$T_{1/2}$: Tiempo de vida media de lindano.

k: Constante de velocidad de remoción.

AN: Atenuación Natural. Tratamiento sin bioaumentación y sin bioestimulación.

BEBg: Bioestimulación con bagazo.

BECa: Bioestimulación con cachaza.

BA: Bioaumentación con actinobacterias.

BA+BEBg: Bioaumentación con actinobacterias y bioestimulación con bagazo.

BA+BECa: Bioaumentación con actinobacterias y bioestimulación con cachaza.

Al comparar los diferentes tratamientos de biorremediación presentados en la **Tabla 6**, se concluye que la eficiencia de los mismos en la remoción de lindano fue la siguiente:

- En SFL: BA+BECa = BA+BEBg > BA > BECa = BEBg > AN.
- En SArc: BA+BECa > BA+BEBg > BA > BECa = BEBg > AN.
- En SAre: BA+BECa > BA+BEBg = BA > AN = BECa > BEBg.

Como puede observarse, las remociones de lindano en los suelos bioaumentados con el consorcio microbiano y bioestimulados con las enmiendas (BA+BECa o BA+BEBg) fueron significativamente mayores respecto a las obtenidas en los suelos bioaumentados sin el agregado de bagazo o cachaza de caña azúcar (BA), en la mayoría de los casos ($p < 0,05$). Estas observaciones también se manifestaron en los SFL y SArc bioestimulados pero sin bioaumentar (BECa o BEBg), ya que en dichos sistemas, la disipación de lindano fue significativamente mayor que las obtenidas en SFL y SArc sin bioestimular y sin bioaumentar (AN) ($p < 0,05$). Además, en los suelos bioaumentados y bioestimulados con bagazo o cachaza, los valores de tiempo de vida media de lindano y de la constante de remoción del plaguicida fueron menores que en los suelos bioaumentados sin el agregado de los residuos.

Estos resultados confirmarían que la introducción de las enmiendas orgánicas en los suelos aceleró los procesos de biorremediación respecto a los tratamientos sin bioestimular.

La mayor actividad biorremediadora asociada a la presencia de los residuos agroindustriales podría deberse a los siguientes efectos (Hamzah y col., 2014; Abdul Salam y col., 2017):

- Contribuyen con microorganismos capaces de degradar compuestos xenobióticos.
- Mejoran las características del suelo al ser agentes que reducen la compactación de los mismos.
- Constituyen fuentes importantes de nutrientes, que promueven el crecimiento microbiano.

- Contienen diversas enzimas (proteasas, celulasas, lignina peroxidasas, lacasas) que podrían participar en la degradación de los plaguicidas.

En este sentido, diversos estudios demostraron que la bioestimulación con pequeñas cantidades de materiales orgánicos resulta exitosa para mejorar tratamientos de biorremediación de suelos contaminados con hidrocarburos y plaguicidas (García Torres y col. 2011; Hamzah y col. 2014; Abdul Salam y col. 2017).

Si bien el empleo de residuos orgánicos como mejoradores de las propiedades del sistema y/o aditivos nutricionales para mantener activas las poblaciones microbianas resulta una alternativa técnicamente factible, viable y sencilla, para favorecer la degradación de contaminantes orgánicos en suelos, no siempre el agregado de los mismos permite optimizar los procesos de remoción respecto a los suelos sin enmendar. En este estudio, la aplicación de ambos materiales orgánicos mejoró los procesos de biorremediación en los suelos bioaumentados en las condiciones óptimas respecto a los suelos bioaumentados sin el agregado de la enmienda. Sin embargo, la adición de bagazo de caña de azúcar en microcosmos de SAre no incrementó considerablemente la remoción de lindano, ya que la disipación lograda en estos sistemas inoculados con el cultivo mixto de actinobacterias, a los 14 días de incubación, fue solo un 3% mayor que la obtenida en el mismo suelo bioaumentado sin enmendar (**Tabla 6**). Dado que el experimento duró solo 14 días, no puede descartarse el hecho de que el efecto estimulante esperado podría producirse después de un período de tiempo más prolongado. De la misma forma, al evaluar la disipación del plaguicida en SAre sin bioaumentar, se observó que la bioestimulación con bagazo, disminuyó significativamente el valor promedio de remoción de lindano (26%), en relación al obtenido en los mismos sistemas sin el agregado de dicho residuo (40%) (**Tabla 6**). Estos resultados podrían deberse a la adsorción del contaminante a la matriz orgánica del residuo lignocelulósico y a la reducción de su biodisponibilidad para los microorganismos (Grenni y col., 2009).

Por otra parte, el recuento de microorganismos heterótrofos totales fue mayor en los sistemas bioaumentados con el consorcio microbiano y bioestimulados con las enmiendas orgánicas, al final del ensayo, respecto a los otros tratamientos ($p < 0,05$) (**Tabla 6**). La mayor densidad microbiana en dichos sistemas, indicaría la presencia de células viables de las actinobacterias inoculadas, a los 14 días de incubación, una estimulación en el crecimiento de la microbiota autóctona y/o de las cepas inoculadas debido a la presencia de los aditivos orgánicos, y un aporte de microorganismos al suelo por parte de los residuos utilizados (García Torres y col., 2011). A su vez, no se encontraron diferencias estadísticamente significativas entre los recuentos microbianos obtenidos en los suelos bioestimulados con cachaza y los obtenidos en los suelos bioestimulados con bagazo, en la mayoría de los casos, al finalizar el ensayo ($p > 0,05$).

El empleo simultáneo de tecnologías de bioaumentación con actinobacterias y bioestimulación con pequeñas cantidades de residuos de caña de azúcar, permitió obtener los mayores porcentajes de remoción, a los 14 días de incubación. La máxima remoción del plaguicida (86%) se logró en microcosmos de SAre contaminados, bioaumentados con el cultivo mixto y bioestimulados con cachaza, donde a su vez se detectó el mínimo valor de $T_{1/2}$ para el lindano (4,9 d).

Si bien el bagazo y la cachaza empleados en el presente trabajo afectaron positivamente los procesos de biorremediación, los microcosmos bioaumentados con actinobacterias y bioestimulados con cachaza presentaron mayor eficiencia de remoción de lindano y menores $T_{1/2}$ para dicho plaguicida, respecto a los microcosmos bioaumentados y bioestimulados con bagazo, en la mayoría de los casos ($p < 0,05$). Esta diferencia en la eficiencia de remoción podría atribuirse a la composición específica, contenido y estructura de la fibra de cada residuo. Se sabe que los diferentes contenidos de celulosa, hemicelulosa, lignina, proteínas y nitrógeno en los residuos lignocelulósicos de los cultivos agrícolas, pueden influir en su propia tasa de descomposición (producción de CO_2) así como también en el crecimiento y la actividad microbiana, además de afectar la eficiencia de degradación de un contaminante (Molina Barahona y col., 2004).

Este resultado también podría deberse a la diferencia en la cantidad de materia orgánica fácilmente degradable presente en las dos enmiendas. La cachaza es rica en materia orgánica y nutrientes como fósforo, calcio, magnesio, potasio y nitrógeno, lo que promueve la actividad y el crecimiento de los microorganismos autóctonos del suelo (Santos y col., 2012). Además, diversifica la microbiota edáfica al aportar microorganismos al suelo que, junto con los nativos, pueden metabolizar moléculas complejas y biotransformar compuestos tóxicos (García Torres y col., 2011). Se ha informado en la literatura que el uso de cachaza como abono favorece las propiedades físico-químicas del suelo (Santos y col., 2012), a través de los siguientes fenómenos:

- Incremento de la capacidad de intercambio catiónico por la producción de humus.
- Aumento de la capacidad de retención de humedad.
- Reducción de la densidad aparente del suelo y aumento de la porosidad total.
- Incremento de la difusión de oxígeno.
- Mejora de la disponibilidad de nutrientes minerales, ya que al producir CO_2 durante su descomposición y, por lo tanto H_2CO_3, disuelve junto con otros ácidos orgánicos, los nutrientes que son insolubles en suelos con pH alcalino.

Esta mejora de las características físico-químicas del suelo permite acelerar la adaptación microbiana, por lo que la cachaza constituye una alternativa interesante a la hora de mejorar la eficiencia de procesos de biorremediación de suelos (Fundora Tellechea y col., 2016). Además, la cachaza es un residuo orgánico fácilmente disponible para su aplicación en biorremediación, debido a que se generan entre 18 y 30 kg de cachaza húmeda por tonelada de caña de azúcar molida, lo que podría traducirse en una cantidad disponible de alrededor de 430.000 toneladas de cachaza por año en Argentina, con muy bajos costos de producción, por ser un residuo que prácticamente no utiliza la industria azucarera (Valeiro y col., 2017).

4. CONCLUSIONES

La bioaumentación de los microcosmos de suelos no estériles de diferentes texturas con el consorcio cuádruple de *Streptomyces* aceleró las tasas de remoción de lindano, en relación a los suelos contaminados sin bioaumentar. Los porcentajes de remoción fueron significativamente diferentes entre los distintos tipos de suelos, debido a que la textura de los mismos puede afectar la adsorción y desorción de lindano, y por lo tanto, su biodisponibilidad para los microorganismos edáficos. Además, la bioaumentación con actinobacterias de los microcosmos de suelos contaminados también incrementó el recuento de microorganismos heterótrofos totales.

Las condiciones de máxima remoción de lindano en diferentes tipos de suelo mediante bioestimulación con residuos regionales y bioaumentación con un consorcio de actinobacterias varían de acuerdo a las enmiendas y suelos empleados. Los resultados demostraron un incremento en la biorremediación de lindano, cuando los suelos fueron bioestimulados con bagazo o cachaza de caña de azúcar, respecto a los suelos sin bioestimular. La bioestimulación presentó algunas ventajas, tales como el uso de bajas cantidades de residuos agroindustriales y bajas tasas de humedad para biorremediar suelos contaminados, y los cortos períodos tiempos de incubación requeridos para lograr elevados porcentajes de disipación del plaguicida. Además, en las condiciones óptimas, la presencia de actinobacterias en los microcosmos bioestimulados mejoró el proceso de biorremediación, así como también aumentó los recuentos de microorganismos heterótrofos, respecto a los controles bioestimulados sin inocular.

Por lo tanto, la aplicación simultánea de bioaumentación con un consorcio de actinobacterias y bioestimulación con residuos agroindustriales regionales, en las condiciones previamente optimizadas, representa una estrategia biotecnológica prometedora para la restauración de suelos contaminados con lindano. La siguiente etapa sería escalar el proceso para lograr la biorremediación de mesocosmos contaminados con este plaguicida, manteniendo los parámetros ambientales con mínima intervención.

5. BIBLIOGRAFÍA

Abdul Salam, J.; Hatha, M.A. and Das, N. 2017. Microbial-enhanced lindane removal by sugarcane (*Saccharum officinarum*) in doped soil-applications in phytoremediation and bioaugmentation. Journal of Environmental Management. 193: 394-399.

Abhilash, P.C. and Singh, N. 2008. Influence of the application of sugarcane bagasse on lindane (γ-HCH) mobility through soil column: implication for biotreatment. Bioresource Technology. 99(18): 8961-8966.

Adams, G.O.; Tawari Fufeyin, P.; Okoro, S.E. and Igelenyah, E. 2015. Bioremediation, biostimulation and bioaugmention: a review. International Journal of Environmental Bioremediation and Biodegradation. 3(1): 28-39.

Agnello, A.C.; Bagard, M.; Van Hullebusch, E.D.; Esposito, G. and Huguenot, D. 2015. Comparative bioremediation of heavy metals and petroleum hydrocarbons co-contaminated soil by natural attenuation, phytoremediation, bioaugmentation and bioaugmentation-assisted phytoremediation. Science of the Total Environment. 563: 693-703.

Al-Tabbaa, A. and Stegemann, J.A. 2005. Stabilisation/solidification treatment and remediation. Advances in S/S for Waste and Contaminated Land. Londres, Reino Unido. CRC Press, Taylor & Francis Group.

Alani, R.; Drouillard, K.; Olayinka, K. and Alo, B. 2013. Bioaccumulation of organochlorine pesticide residues in fish and invertebrates of Lagos Lagoon, Nigeria. American Journal of Scientific and Industrial Research. 4: 22-30.

Albert Palacios, L.A. 1997. Plaguicidas. En: Introducción a la Toxicología Ambiental. Albert Palacios, L.A. (Ed). Metepec, México.

Alvarez, A.; Benimeli, C.S.; Saez, J.M.; Fuentes, M.S.; Cuozzo, S.A.; Polti, M.A. and Amoroso, M.J. 2012. Bacterial bio-resources for remediation of hexachlorocyclohexane. International Journal of Molecular Sciences. 13(11): 15086-15106.

Anderson, A.S. and Wellington, E.M.H. 2001. The taxonomy of *Streptomyces* and related genera. International Journal of Systematic and Evolutionary Microbiology. 51(3): 797-814.

Antonio Ordaz, J.; Martínez Toledo, A.; Ramos Morales, F.R.; Sánchez Díaz, L.F.; Martínez, A.J.; Tenorio López, J.A. and Cuevas Díaz, M.D.C. 2011. Biorremediación de un suelo contaminado con petróleo mediante el empleo de bagazo de caña con diferentes tamaños de partícula. Multiciencias. 11(2).

Aparicio, J.; Simón Solá, M.Z.; Benimeli, C.S.; Amoroso, M.J. and Polti, M.A. 2015. Versatility of *Streptomyces* sp. M7 to bioremediate soils co-contaminated with Cr (VI) and lindane. Ecotoxicology and Environmental Safety. 116: 34-39.

Aparicio, J.D.; Benimeli, C.S.; Almeida, C.A.; Polti, M.A. and Colin, V.L. 2017. Integral use of sugarcane vinasse for biomass production of actinobacteria: Potential application in soil remediation. Chemosphere. 181: 478-484.

Aparicio, J.D.; Raimondo, E.E.; Gil, R.A.; Benimeli, C.S. and Polti, M.A. 2018. Actinobacteria consortium as an efficient biotechnological tool for mixed polluted soil reclamation: Experimental factorial design for bioremediation process optimization. Journal of Hazardous Materials. 342: 408-417.

Arias Verdes, J.A.; Riera Betancourt, C.; Rojas Companioni, D.; Cabrera Cruz, N. and Dierkmeier Corcuela, G. 1992. Plaguicidas Organoclorados. Centro de Ecología Humana y Salud. Serie Vigilancia. Organización Panamericana de la Salud/Organización Mundial de la Salud. Metepec, México.

Arrebola, J.P.; Cuellar, M.; Claure, E.; Quevedo, M.; Antelo, S.R.; Mutch, E.; Ramírez, E.; Fernández, M.F.; Olea, N. and Mercado, L.A. 2012. Concentrations of organochlorine pesticides and polychlorinated biphenyls in human serum and adipose tissue from Bolivia. Environmental Research. 112: 40-47.

Aslam, M.; Rais, S. and Alam, M. 2013. Quantification of organochlorine pesticide residues in the buffalo milk samples of Delhi City, India. Journal of Environmental Protection. 4: 964-974.

ATSDR. 2011. Agency for Toxic Substances and Disease Registry. Hexachlorocyclohexane (HCH). Atlanta, USA.

Barra, R.; Colombo, J.C.; Eguren, G.; Gamboa, N.; Jardim, W.F. and Mendoza, G. 2006. Persistent Organic Pollutants (POPs) in Eastern and Western South American Countries. Reviews of Environmental Contamination and Toxicology. 185: 1-33.

Benimeli, C.S.; Amoroso, M.J.; Chaile, A.P. and Castro, G.R. 2003. Isolation of four aquatic streptomycetes strains capable of growth on organochlorine pesticides. Bioresource Technology. 89(2): 133-138.

Benimeli, C.S.; Fuentes, M.S.; Abate, C.M. and Amoroso, M.J. 2008. Bioremediation of lindane-contaminated soil by *Streptomyces* sp. M7 and its effects on *Zea mays* growth. International Biodeterioration and Biodegradation. 61(3): 233-239.

Berdy, J. 2005. Bioactive microbial metabolites. Journal of Antibiotics. 58: 1-26.

Betancur-Corredor, B.; Pino, N.; Penuela, G.A. and Cardona-Gallo, S. 2013. Biorremediación de suelo contaminado con pesticidas: caso DDT. Revista Gestión y Ambiente. 16: 119-135.

Bidlan, R.; Afsar, M. and Manonmani, H.K. 2004. Bioremediation of HCH-contaminated soil: elimination of inhibitory effects of the insecticide on radish and green gram seed germination. Chemosphere. 56: 803-811.

BOE. 2015. Boletín Oficial del Estado del 25 de junio de 2015. Ley 4/2015 para la prevención y corrección de la contaminación del suelo. Número 176, Sección I. Comunidad Autónoma del País Vasco, España.

Briceño, G.; Fuentes, M.S.; Saez, J.M.; Diez, M.C. and Benimeli, C.S. 2018. *Streptomyces* genus as biotechnological tool for pesticide degradation in polluted systems. Critical Reviews in Environmental Science and Technology. 1-33.

Burmølle, M.; Webb, J.S.; Rao, D.; Hansen, L.H.; Sørensen, S.J. and Kjelleberg, S. 2006. Enhanced biofilm formation and increased resistance to antimicrobial agents and bacterial invasion are caused by synergistic interactions in multispecies biofilms. Applied and Environmental Microbiology. 72(6): 3916-3923.

Caicedo, P.; Schroder, A.; Ulrich, N.; Schroter, U.; Paschke, A.; Schuurmann, G., Ahumada, I. and Richter, P. 2011. Determination of lindane leachability in soil-biosolid systems and its bioavailability in wheat plants. Chemosphere. 84: 397-402.

Calvet, R.; Barriuso, E.; Bedos, C.; Benoit, P.; Charnay, M.P. and Coquet, Y. 2005. Les pesticides dans les sols. Conséquences agronomiques et environnementales. Editions France Agricole, Dunod. París, Francia.

Carvalho, P.N.; Rodrigues, P.N.R.; Basto, M.C.P. and Vasconcelos, M.T.S.D. 2009. Organochlorine pesticides levels in Portuguese coastal areas. Chemosphere. 75: 595-600.

Chang, B.V.; Lu, Y.S.; Yuan, S.Y.; Tsao, T.M. and Wang, M.K. 2009. Biodegradation of phthalate esters in compost-amended soil. Chemosphere. 74(6): 873-877.

Chen, M.; Xu, P.; Zeng, G.; Yang, C.; Huang, D. and Zhang, J. 2015. Bioremediation of soils contaminated with polycyclic aromatic hydrocarbons, petroleum, pesticides, chlorophenols and heavy metals by composting: applications, microbes and future research needs. Biotechnology Advances. 33(6): 745-755.

Chowdhury, A.; Pradhan, S.; Saha, M. and Sanyal, N. 2008. Impact of pesticides on soil microbiological parameters and possible bioremediation strategies. Indian Journal of Microbiology. 48(1): 114-127.

Cid, F.D.; Antón, R.S. and Caviedes Vidal, E. 2007. Organochlorine pesticide contamination in three bird species of the Embalse La Florida water reservoir in the semiarid midwest of Argentina. Science of the Total Environment. 385: 86-96.

CLU-IN US EPA. 2011. *In-Situ* chemical reduction overview. https://clu-in.org/techfocus/default.ocus/sec/In_Situ_Chemical_Reduction/cat/Overview/

Colin, V.L.; Cortes, A.A.; Aparicio, J.D. and Amoroso, M.J. 2016. Potential application of a bioemulsifier-producing actinobacterium for treatment of vinasse. Chemosphere. 144: 842-847.

Cuozzo, S.A.; Rollán, G.C.; Abate, C.M. and Amoroso, M.J. 2009. Specific dechlorinase activity in lindane degradation by *Streptomyces* sp. M7. World Journal of Microbiology and Biotechnology. 25(9): 1539-1546.

Cycoń, M.; Żmijowska, A.; Wójcik, M. and Piotrowska Seget, Z. 2013. Biodegradation and bioremediation potential of diazinon-degrading *Serratia marcescens* to remove other organophosphorus pesticides from soils. Journal of Environmental Management. 117: 7-16.

Dastager, S.G.; Qiang, Z.L.; Damare, S.; Tang, S.K. and Li, W.J. 2012. *Agromyces indicus* sp. nov., isolated from mangroves sediment in Chorao Island, Goa, India. Antonie van Leeuwenhoek. 102(2): 345-352.

Declercq, I.; Cappuyns, V. and Duclos, Y. 2012. Monitored natural attenuation (MNA) of contaminated soils: state of the art in Europe - a critical evaluation. Science of the Total Environment. 426: 393-405.

del Puerto Rodríguez, A.M.; Suárez Tamayo, S. and Palacio Estrada, D.E. 2014. Efectos de los plaguicidas sobre el ambiente y la salud. Revista Cubana de Higiene y Epidemiología. 52(3): 372-387.

Dhal, B.; Thatoi, H.N.; Das, N.N. and Pandey, B.D. (2013). Chemical and microbial remediation of hexavalent chromium from contaminated soil and mining/metallurgical solid waste: A review. Journal of Hazardous Materials. 250: 272-291.

Dietz, R.; Riget, F.F.; Sonne, C.; Letcher, R.; Born, E.W. and Muir, D.C.G. 2004. Seasonal and temporal trends in polychlorinated biphenyls and organochlorine pesticides in East Greenland polar bears (*Ursus maritimus*), 1990-2001. Science of the Total Environment. 331(1): 107-124.

Domínguez Guilarte, O.L.; Ramos Leal, M.; Sánchez Reyes, A.; Manzano, A.M.; León, J.A.Á.; Sánchez López, M.I. and Guerra-Rivera, G. 2011. Degradación biológica de contaminantes orgánicos persistentes por hongos de la podredumbre blanca. Revista CENIC Ciencias Biológicas. 42: 51-59.

Du Plessis M. 2005. Presencia de plaguicidas persistentes en leche materna. Tesis de grado. Facultad de Ciencias de la Salud. Universidad del Norte Santo Tomas de Aquino.

Duong, T.T.; Penfold, C. and Marschner, P. 2012. Differential effects of composts on properties of soils with different textures. Biology and Fertility of Soils. 48: 699-707.

Đurović, R.; Gajić Umiljendić, J. and Đorđević, T. 2009. Effects of organic matter and clay content in soil on pesticide adsorption processes. Pesticidi i Fitomedicina. 24(1): 51-57.

Dzul Puc, J.D.; Esparza García, F.; Barajas Aceves, M. and Rodríguez Vázquez, R. 2005. Benzo [a] pyrene removal from soil by *Phanerochaete chrysosporium* grown on sugarcane bagasse and pine sawdust. Chemosphere. 58(1): 1-7.

Ensign, J.C. 1990. Introduction to the Actinomycetes. In: The Prokaryotes. A handbook on the Biology of Bacteria: Ecophysiology, Isolation, Identification,

Applications. Balows, A.; Trüper, H.G.; Dworkin, M.; Harder, W.; Schleifer, K. (Eds.). Springer. Nueva York, Estados Unidos.

Escobar, E.R.; Moreno, G.M. and Ortega, V.E. 2016. ¿Por qué es importante la salud ambiental? CULCyT/Economía. 51(1): 60-64.

Escorza Núñez, J.G. 2007. Estudio de inóculos bacterianos como biorremediadores de suelos contaminados con petróleo. Tesis de Grado. Escuela Superior Politécnica de Chimborazo. Facultad de Ciencias. Riobamba, Ecuador.

FAO. 1990. Food and Agriculture Organization of the United Nations. International code of conduct on the distribution and use of pesticides (Emended version). Roma, Italia.

FRTR. 2006. Federal Remediation Technology Roundtable. Remediation Technologies Screening Matrix and Reference Guide, Version 4.0. Disponible en: http://www.frtr.gov//matrix2/section1/toc.html#Pref.

Fuentes, M.S.; Benimeli, C.S.; Cuozzo, S.A. and Amoroso, M.J. 2010. Isolation of pesticide degrading actinomycetes from a contaminated site: Bacterial growth, removal and dechlorination of organochlorine pesticides. International Biodeterioration and Biodegradation. 64(6): 434-441.

Fuentes, M.S.; Saez, J.M.; Benimeli, C.S. and Amoroso, M.J. 2011. Lindane biodegradation by defined consortia of indigenous *Streptomyces* strains. Water, Air, and Soil Pollution. 222(1-4): 217-231.

Fuentes, M.S.; Raimondo, E.E.; Amoroso, M.J. and Benimeli, C.S. 2017. Removal of a mixture of pesticides by a *Streptomyces* consortium: Influence of different soil systems. Chemosphere. 173: 359-367.

Fundora Tellechea, F.R.; Martins, M.A.; Araujo da Silva, A.; Forestieri da Gama Rodrígues, E. and Leal Martins, M.L. 2016. Use of sugarcane filter cake and nitrogen, phosphorus and potassium fertilization in the process of bioremediation of soil contaminated with diesel. Environmental Science and Pollution Research. 23(18): 18027-18033.

Gałuszka, A.; Migaszewski, Z.M. and Manecki, P. 2011. Pesticide burial grounds in Poland: a review. Environment International. 37(7): 1265-1272.

Garbisu, C.; Garaiyurrebaso, O.; Epelde, L.; Grohmann, E. and Alkorta, I. 2017. Plasmid-Mediated Bioaugmentation for the bioremediation of contaminated soils. Frontiers in Microbiology. 8: 1966.

García Torres, R.; Ríos Leal, E.; Martínez Toledo, A.; Ramos Morales, F.R.; Cruz Sánchez, J.S. and Cuevas Díaz, M.D.C. 2011. Uso de cachaza y bagazo de caña de azúcar en la remoción de hidrocarburos en suelo contaminado. Revista Internacional de Contaminación Ambiental. 27(1): 31-39.

García, M.G.; Infante, C. and López, L. 2012. Biodegradación de un crudo mediano en suelos de diferente textura con y sin agente estructurante. Bioagro. 24(2): 93-102.

García Delgado, C.; D'Annibale, A.; Pesciaroli, L.; Yunta, F.; Crognale, S.; Petruccioli, M. and Eymar, E. 2015. Implications of polluted soil biostimulation and bioaugmentation with spent mushroom substrate (*Agaricus bisporus*) on the microbial community and polycyclic aromatic hydrocarbons biodegradation. Science of the Total Environment. 508: 20-28.

Garg, N.; Lata, P.; Jit, S.; Sangwan, S.; Kumar Singh, A.; Dwivedi, V.; Niharika, N.; Kaur, J.; Saxena, A.; Dua, A.; Nayyar, N.; Kohli, P.; Geueke, B.; Kunz, P.; Rentsch, D.; Holliger, C.; Kohler, H.P.E. and Lal, R. 2016. Laboratory and field scale bioremediation of hexachlorocyclohexane (HCH) contaminated soils by means of bioaugmentation and biostimulation. Biodegradation. 27(2-3): 179-193.

Geueke, B.; Garg, N.; Ghosh, S.; Fleischmann, T.; Holliger, C.; Lal, R. and Kohler, H.P.E. 2013. Metabolomics of hexachlorocyclohexane (HCH) transformation: ratio of LinA to LinB determines metabolic fate of HCH isomers. Environmental Microbiology. 15: 1040-1049.

Gianfreda, L. and Rao, M.A. 2011. The influence of pesticides on soil enzymes. In: Soil Enzymology. Shukla, G.; Varma, V. (Eds.). Springer. Heidelberg, Alemania.

Gianfreda, L. and Rao, M.A. 2017. Soil microbial and enzymatic diversity as affected by the presence of xenobiotics. In: Xenobiotics in the Soil Environment. Zaffar Hashmi, M.; Kumar, V.; Varma, A. (Eds). Springer. Cham, Alemania.

Girish, K. and Mohammad Kunhi, A.A. 2013. Microbial degradation of gamma-hexachlorocyclohexane (lindane). African Journal of Microbiology Research. 7(17): 1635-1643.

Gómez Cruz R. 2010. Biotecnología ambiental: Un acercamiento a la química y a los compuestos xenobióticos. Kuxulkab. 30: 77-79.

Gómez Ortiz, A.M.; Okada, E.; Bedmar, F. and Costa, J.L. 2017. Sorption and Desorption of glyphosate in mollisols and ultisols soils of Argentina. Environmental Toxicology and Chemistry. 36(10): 2587-2592.

Gondar, D.; López, R.; Antelo, J.; Fiol, S. and Arce, F. 2013. Effect of organic matter and pH on the adsorption of metalaxyl and penconazole by soils. Journal of Hazardous Materials. 260: 627-633.

Goss, M.J.; Tubeileh, A. and Goorahoo, D. 2013. A review of the use of organic amendments and the risk to human health. In: Advances in Agronomy. Sparks, D.L. (Ed.). Elsevier. Estados Unidos.

Grenni, P.; Caracciolo, A.B.; Rodríguez Cruz, M.S. and Sánchez Martín, M.J. 2009. Changes in the microbial activity in a soil amended with oak and pine residues and treated with linuron herbicide. Applied Soil Ecology. 41(1): 2-7.

Haghollahi, A.; Fazaelipoor, M.H. and Schaffie, M. 2016. The effect of soil type on the bioremediation of petroleum contaminated soils. Journal of Environmental Management. 180: 197-201.

Hamzah, A.; Phan, C.W.; Yong, P.H. and Mohd Ridzuan, N.H. 2014. Oil palm empty fruit bunch and sugarcane bagasse enhance the bioremediation of soil artificially polluted by crude oil. Soil and Sediment Contamination. 23(7): 751-762.

Hong, S.H.; Shim, W.J.; Han, G.M.; Ha, S.Y.; Jang, M.; Rani, M.; Hong, S. and Yeo, G.Y. 2013. Levels and profiles of persistent organic pollutants in resident and migratory birds from an urbanized coastal region of South Korea. Science of the Total Environment. 1: 1463-1470.

Huling, S.G. and Bruec, E.P. 2006. *In-Situ* Chemical Oxidation. Engineering Issue. US EPA.

IARC. 2015. International Agency for Research on Cancer. Monographs evaluate DDT, lindane, and 2,4-D. Lyon, France, 23 June 2015. Press release N° 236.

Javaid, M.K.; Ashiq, M. and Tahir, M. 2016. Potential of biological agents in decontamination of agricultural soil. Scientifica.

Jayaraj, R.; Megha, P. and Sreedev, P. 2016. Organochlorine pesticides, their toxic effects on living organisms and their fate in the environment. Interdisciplinary Toxicology. 9(3-4): 90-100.

Jiang, H.; Dong, C.Z.; Huang, Q.; Wang, G.; Fang, B.; Zhang, C. and Dong, H. 2012. Actinobacterial diversity in microbial mats of five hot springs in central and central-eastern Tibet, China. Geomicrobiology Journal. 29(6): 520-527.

Jin, M.; Fu, J.; Xue, B.; Zhou, S.; Zhang, L. and Li, A. 2017. Distribution and enantiomeric profiles of organochlorine pesticides in surface sediments from the Bering Sea, Chukchi Sea and adjacent Arctic areas. Environmental Pollution. 222: 109-117.

Karagouni, A.D.; Vionis, A.P.; Baker, P.W. and Wellington, E.M.H. 1993. The effect of soil moisture content on spore germination, mycelium development and survival of a seeded streptomycete in soil. Microbial Releases. 2: 47-51.

Kieser, T.; Bibb, M.J.; Buttner, M.J.; Charter, K.F. and Hopwood, D.A. 2000. Practical *Streptomyces* Genetics. The John Innes Foundation. Norwich, Reino Unido.

Kim, J.H. and Smith, A. 2001. Distribution of organochlorine pesticides in soils from South Korea. Chemosphere. 43: 137-140.

Kudo, T. 1997. Family Streptomycetaceae. In: Atlas of Actinomycetes. Miyadoh, S. (Ed.). Asakura Publishing Co., Ltd. Japón.

Kumari, B.; Madan, V.K. and Kathpal, T.S. 2008. Status of insecticide contamination of soil and water in Haryana, India. Environmental Monitoring and Assessment. 136: 239-244.

Lal, R.; Dogra, C.; Malhotra, S.; Sharma, P. and Pal, R. 2006. Diversity, distribution and divergence of *lin* genes in hexachlorocyclohexane-degrading sphingomonads. Trends in Biotechnology. 24: 121-130.

Laquitaine, L.; Durimel, A.; De Alencastro, L.F.; Jean Marius, C.; Gros, O. and Gaspard, S. 2016. Biodegradability of HCH in agricultural soils from Guadeloupe (French West Indies): identification of the *lin* genes involved in the HCH degradation pathway. Environmental Science and Pollution Research. 23(1): 120-127.

LFRP. 1993. Ley Federal de Residuos Peligrosos N° 24.051, Decreto 831/93: Generación, transporte y disposición de residuos peligrosos. Buenos Aires, Argentina.

Liu, X.; Wu, H.; Hu, T.; Chen, X. and Ding, X. 2018. Adsorption and leaching of novel fungicide pyraoxystrobin on soils by 14C tracing method. Environmental Monitoring and Assessment. 190(2): 86.

Longnecker, M.P.; Rogan, W.J. and Lucier, G. 1997. The human health effects of DDT (Dichlorodiphenyltrichloroethane) and PCBs (Polychlorinated Biphenyls) and an overview of organochlorines in Public Health. Annual Review of Public Health. 18: 211-244.

Luzordo, O.P.; Mahtani, V.; Troyano, J.M.; Alvarez de la Rosa, M.; Padilla-Perez, A.I.; Zumbado, M.; Almeida, M.; Burillo-Putze, G.; Boada, C. and Boada, L.D. 2009. Determinants of organochlorine levels detectable in the amniotic fluid of women from Tenerif Island (Canary Islands, Spain). Environmental Research. 109: 607-613.

Lv, H.; Su, X.; Wang, Y.; Dai, Z. and Liu, M. 2018. Effectiveness and mechanism of natural attenuation at a petroleum-hydrocarbon contaminated site. Chemosphere. 206: 293-301.

Maiti, S.; Sinha, S.S. and Singh, M. 2017. Microbial decolorization and detoxification of emerging environmental pollutant: Cosmetic hair dyes. Journal of Hazardous Materials. 338: 356-363.

Manickam, N.; Misra, R. and Mayilraj, S. 2007. A novel pathway for the biodegradation of γ-hexachlorocyclohexane by a *Xanthomonas* sp. strain ICH12. Journal of Applied Microbiology. 102: 1468-1478.

Manickam, N.; Reddy, M.K.; Saini, H.S. and Shanker, R. 2008. Isolation of hexachlorocyclohexane-degrading *Sphingomonas* sp. by dehalogenase assay and characterization of genes involved in γ-HCH degradation. Journal of Applied Microbiology. 104: 952-960.

Marican, A. and Durán Lara, E.F. 2017. A review on pesticide removal through different processes. Environmental Science and Pollution Research. 25(3): 2051-2064.

Martín Lara, M.A.; Rodríguez Rico, L.L.; Alomá Vicente, I.D.L.C.; García Blázquez, G. and Calero de Hoces, M. (2010). Modification of the sorptive characteristics of sugarcane bagasse for removing lead from aqueous solutions. Desalination. 256(1-3): 58-63.

Matus, F.J.; Retamales, J.B. and Sánchez, P. 2006. Effect of particle size and quality of pruning wood residues of Asian Pear (*Pyrus pyrifolia* and *Pyrus communis*) on C- and N-mineralisation in soils of contrasting textures. Revista de la Ciencia del Suelo y Nutrición Vegetal. 6(1): 1-8.

Mendes, K.F.; Barbosa Martins, B.A.; dos Reis, M.R.; Pimpinato, R.F. and Tornisielo, V.L. 2017. Quantification of the fate of mesotrione applied alone or in a herbicide mixture in two Brazilian arable soils. Environmental Science and Pollution Research. 24(9): 8425-8435.

Miao, J.; Chen, X.; Xu, T.; Yin, D.; Hu, X. and Sheng, G.D. 2018. Bioaccumulation, distribution and elimination of lindane in *Eisenia fetida*: The aging effect. Chemosphere. 190: 350-357.

Mokarizadeh, A.; Faryabi, M.R.; Rezvanfar, M.A. and Abdollahi, M. 2015. A comprehensive review of pesticides and the immune dysregulation: mechanisms, evidence and consequences. Toxicology Mechanisms and Methods. 25(4): 258-278.

Molina Barahona, L.; Rodríguez Vázquez, R.; Hernández Velasco, M.; Vega Jarquín, C.; Zapata Pérez, O.; Mendoza Cantú, A. and Albores, A. 2004. Diesel removal from contaminated soils by biostimulation and supplementation with crop residues. Applied Soil Ecology. 27(2): 165-175.

Nag, S.K. and Raikwar, M.K. 2011. Persistent organochlorine pesticide residues in animal feed. Environmental Monitoring and Assessment. 174: 327-335.

Nagata, Y.; Endo, R.; Itro, M.; Ohtsubo, Y. and Tsuda, M. 2007. Aerobic degradation of lindane (γ-hexachlorocyclohexane) in bacteria and its biochemical and molecular basis. Applied Microbiology and Biotechnology. 76: 741-752.

Niti, C.; Sunita, S.; Kamlesh, K. and Rakesh, K. 2013. Bioremediation: an emerging technology for remediation of pesticides. Research Journal of Chemical and Environmental Sciences. 17(4): 88-105.

Nousiainen, A.O.; Björklöf, K.; Sagarkar, S.; Nielsen, J.L.; Kapley, A. and Jørgensen, K.S. 2015. Bioremediation strategies for removal of residual atrazine in the boreal groundwater zone. Applied Microbiology and Biotechnology. 99(23): 10249-10259.

Okeke, B.C.; Siddique, T.; Arbestain, M.C. and Frankenberger, W.T. 2002. Biodegradation of gamma-hexachlorocyclohexane (lindane) and alpha-hexachlorocyclohexane in water and a soil slurry by a *Pandoraea* species. Journal of Agricultural and Food Chemestry. 50: 2548-2555.

Okoro, C.K.; Brown, R.; Jones, A.L.; Andrews, B.A.; Asenjo, J.A.; Goodfellow, M. and Bull, A.T. 2009. Diversity of culturable actinomycetes in hyper-arid soils of the Atacama Desert, Chile. Antonie Van Leeuwenhoek. 95(2): 121-133.

Pazou, E.Y.; Boko, M.; van Gestel, C.A.; Ahissou, H.; Laleye, P.; Akpona, S.; van Hattum, B.; Swart, K. and van Straalen, N.I. 2006. Organochlorine and organophosphorous pesticide residues in the Queme river catchment in the Republic of Benin. Environment International. 32: 616-623.

Petriello, M.C.; Newsome, B.J.; Dziubla, T.D.; Hilt, J.Z.; Bhattacharyya, D. and Hennig, B. 2014. Modulation of persistent organic pollutant toxicity through nutritional intervention: emerging opportunities in biomedicine and environmental remediation. Science of the Total Environment. 491: 11-16.

Phillips, T.M.; Seech, A.G.; Lee, H. and Trevors, J.T. 2005. Biodegradation of hexachlorocyclohexane (HCH) by microorganisms. Biodegradation. 16: 363-392.

Polti, M.A.; Aparicio, J.D.; Benimeli, C.S. and Amoroso, M.J. 2014. Simultaneous bioremediation of Cr(VI) and lindane in soil by actinobacteria. International Biodeterioration and Biodegradation. 88: 48-55.

Rama Krishna, K. and Philip, L. 2011. Bioremediation of single and mixture of pesticide-contaminated soils by mixed pesticide-enriched cultures. Applied Biochemistry and Biotechnology. 164: 1257-1277.

Ramírez, J.A. and Lacasaña, M. 2001. Plaguicidas: clasificación, uso, toxicología y medición de la exposición. Archivos de Prevención de Riesgos Laborales. 4: 67-75.

Ramírez Romero, P. and Mendoza Cantú, A. 2008. Ensayos toxicológicos para la evaluación de sustancias químicas en agua y suelo. La experiencia en México. Secretaría de Medio Ambiente y Recursos Naturales Instituto Nacional de Ecología. Distrito Federal, México.

Ramos Anacleto, L.; Roberto, M.M. and Marín Morales, M.A. 2017. Toxicological effects of the waste of the sugarcane industry, used as agricultural fertilizer, on the test system *Allium* cepa. Chemosphere. 173: 31-42.

Ray, L.; Mishra, S.R.; Panda, A.N.; Rastogi, G.; Pattanaik, A.K.; Adhya, T.K.; Suar, M. and Raina, V. 2014. *Streptomyces barkulensis* sp. nov., isolated from an estuarine lake. International Journal of Systematic and Evolutionary Microbiology. 64(4): 1365-1372.

Rayu, S.; Karpouzas, D.G. and Singh, B.K. 2012. Emerging technologies in bioremediation: constraints and opportunities. Biodegradation. 23: 917-926.

Ren, X.; Zeng, G.; Tang, L.; Wang, J.; Wan, J.; Wang, J.; Den, Y.; Liu, Y. and Peng, B. 2017. The potential impact on the biodegradation of organic pollutants from composting technology for soil remediation. Waste Management. 72: 138-149.

Rivero, A.; Niell, S.; Cesio, V.; Cerdeiras, M.P. and Heinzen, H. 2012. Analytical methodology for the study of endosulfan bioremediation under controlled conditions with white rot fungi. Journal of Chromatography B. 907: 168-172.

Rubio Bellido, M.; Madrid, F.; Morillo, E. and Villaverde, J. 2015. Assisted attenuation of a soil contaminated by diuron using hydroxypropyl-β-cyclodextrin and organic amendments. Science of the Total Environment. 502: 699-705.

Saadati, N.; Abdullah, M.P.; Zakaria, Z.; Rezayi, M. and Hosseinizare, N. 2012. Distribution and fate of HCH isomers and DDT metabolites in a tropical environment–case study Cameron Highlands–Malaysia. Chemistry Central Journal. 6: 130.

Saez, J.M.; Benimeli, C.S. and Amoroso, M.J. 2012. Lindane removal by pure and mixed cultures of immobilized actinobacteria. Chemosphere. 89(8): 982-987.

Saez, J.M.; Aparicio, J.D.; Amoroso, M.J. and Benimeli, C.S. 2015. Effect of the acclimation of a *Streptomyces* consortium on lindane biodegradation by free and immobilized cells. Process Biochemistry. 50(11): 1923-1933.

Salam, J.A. and Das, N. 2012. Remediation of lindane from environment-an overview. International Journal of Advanced Biological Research. 2: 9-15.

Salam, L.B.; Ilori, M.O. and Amund, O.O. 2015. Carbazole degradation in the soil microcosm by tropical bacterial strains. Brazilian Journal of Microbiology. 46(4): 1037-1044.

Santos, D.H.; Tiritan, C.S. and Simoneti Foloni, J.S. 2012. Efeito residual da adubação fosfatada e torta de filtro na brotação de soqueiras de cana-de-açúcar. Agrarian. 5(15): 1-6.

Sayara, T.; Sarrà, M. and Sánchez, A. 2010. Effects of compost stability and contaminant concentration on the bioremediation of PAHs-contaminated soil through composting. Journal of Hazardous Materials. 179(1-3): 999-1006.

Shao, W.T. and Gu, A.H. 2016. Effects of organochlorine pesticides on dyslipidemias. Chinese Journal of Preventive Medicine. 50(11): 1011.

Shelton, D.R.; Khader, S.; Karns, J.S. and Pogell, B.M. 1996. Metabolism of twelve herbicides by *Streptomyces*. Biodegradation. 7(2): 129-136.

Shen, H.; Henkelmann, B.; Levy, W.; Zsolnay, A.; Weiss, P; Jakobi, G.; Kirchner, M.; Moche, W.; Braun, K. and Schramm, K.W. 2008. Altitudinal and chiral signature of persistent organochlorine pesticides in air, soil, and spruce needles (*Picea abies*) of the Alps. Environmental Science and Technology. 43: 2450-2455.

Sibanda, T.; Mabinya, L.V.; Mazomba, N.; Akinpelu, D.A.; Bernard, K.; Olaniran, A.O. and Okoh, A.I. 2010. Antibiotic producing potentials of three freshwater actinomycetes isolated from the Eastern Cape Province of South Africa. International Journal of Molecular Sciences. 11(7): 2612-2623.

Singh, K.P.; Malik, A.; Mohan, D. and Takroo, R. 2005. Distribution of persistent organochlorine pesticide residues in Gomti River, India. Bulletin of Environmental Contamination and Toxicology. 74: 146-154.

Su, W.; Hao, H.; Wu, R.; Xu, H.; Xue, F. and Lu, C. 2017. Degradation of mesotrione affected by environmental conditions. Bulletin of Environmental Contamination and Toxicology. 98(2): 212-217.

Tejada, M.; Hernández, M.T. and García, C. 2009. Soil restoration using composted plant residues: effects on soil properties. Soil Tillage Research Organization. 102: 109-117.

Thapa, B.; Kumar, A. and Ghimire, A. 2012. A review on bioremediation of petroleum hydrocarbon contaminants in soil. Kathmandu University Journal of Science, Engineering and Technology. 8: 164-170.

Usman, M.; Tascone, O.; Faure, P. and Hanna, K. 2014. Chemical oxidation of hexachlorocyclohexanes (HCHs) in contaminated soils. Science of the Total Environment. 476: 434-439.

Vaccari, D.A.; Strom, P.F. and Alleman, J.E. 2006. Environmental Biology for Engineers and Scientists. ISBN 10-0471722391. John Wiley and Sons. New Jersey, Estados Unidos.

Valeiro, A.; Portocarrero, R.; Ullivarri, E. and Vallejo, J. 2017. Los Residuos de la Industria Sucro-Alcoholera Argentina. Serie: Gestión de residuos de la industria sucro-energética argentina. Colección: Investigación, Desarrollo e Innovación. INTA Ediciones.

Venier, M. and Hites, R.A. 2014. DDT and HCH, two discontinued organochlorine insecticides in the Great Lakes region: isomer trends and sources. Environment International. 69: 159-165.

Vijgen, J. 2006. The legacy of lindane HCH isomer production: a global overview of residue management, formulation and disposal. International HCH and Pesticide Association. http://www.ihpa.info/library_access.php.

Vijgen, J.; Abhilash, P.C.; Li, Y.F.; Lal, R.; Forter, M.; Torres, J.; Singh, N.; Yunus, M.; Tian, C.; Schaffer, A. and Weber, R. 2011. Hexachlorocyclohexane (HCH) as new Stockholm Convention POPs - a global perspective on the management of lindane and its waste isomers. Environmental Science and Pollution Research. 18: 152-162.

Villaamil Lepori, E.C.; Bovi Mitre G. and Nassetta M. 2013. Situación actual de la contaminación por plaguicidas en Argentina. Revista Internacional de Contaminación Ambiental. 29: 25-43.

Villaverde, J.; Rubio Bellido, M.; Merchan, F. and Morillo, E. 2017. Bioremediation of diuron contaminated soils by a novel degrading microbial consortium. Journal of Environmental Management. 188: 379-386.

Vobis, G. 1992. The genus Actinoplanes and related genera. En: The Prokaryotes. A handbook on the Biology of Bacteria: Ecophysiology, Isolation, Identification, Applications. Balows, A.; Trüper, H.G.; Dworkin, M.; Harder, W.; Schleifer, K. (Eds.). Springer. Nueva York, Estados Unidos.

Vobis, G and Chaia, E. 1998. El rol ecológico de los actinomycetes en el suelo. XVI Congreso Argentino de la Ciencia del Suelo. Córdoba, Argentina.

Volke Sepúlveda, T. 2002. Biorremediación de suelos contaminados. Biotecnología. 7(1): 24-39.

Volke Sepúlveda, T. and Velasco Trejo, J.A. 2002. Tecnologías de remediación para suelos contaminados. México: INE-SEMARNAT.

Weber, J.; Halsall, C.J.; Muir, D.; Teixeira, C.; Small, J.; Solomon, K.; Hermanson, M.; Hung, H. and Bidleman, T. 2009. Endosulfan, a global pesticide: A review of its fate in the environment and occurrence in the Arctic. Science of the Total Environment. 408: 2966-2984.

Willett, K.L.; Ulrich, E.M. and Hites, R.A. 1998. Differential toxicity and environmental fates of hexachlorocyclohexane isomers. Environmental Science and Technology. 32(15): 2197-2207.

Wu, T. and Crapper, M. 2009. Simulation of biopile processes using a hydraulics approach. Journal of Hazardous Materials. 171: 1103-1111.

Yang, R.; Ji, G.; Zhoe, Q.; Yaun, C. and Shi, J. 2005. Occurrence and distribution of organochlorine pesticides (HCH and DDT) in sediments collected from East China Sea. Environment International. 31: 799-804.

Zajíček, A.; Fučík, P.; Kaplická, M.; Liška, M.; Maxová, J. and Dobiáš, J. 2018. Pesticide leaching by agricultural drainage in sloping, mid-textured soil conditions–the role of runoff components. Water Science and Technology. 77(7): 1879-1890.

Zérega, M.L. 1993. Manejo y uso agronómico de la cachaza en suelos cañameleros. Caña de azúcar. 11: 71-92.

Zhang, Y.; Zhu, Y.G.; Houot, S.; Qiao, M.; Nunan, N. and Garnier, P. 2011. Remediation of polycyclic aromatic hydrocarbon (PAH) contaminated soil through composting with fresh organic wastes. Environmental Science and Pollution Research. 18: 1574-1584.

Zhang, X.Y.; He, F.; Wang, G.H.; Bao, J.; Xu, X.Y. and Qi, S.H. 2013. Diversity and antibacterial activity of culturable actinobacteria isolated from five species of the South China Sea gorgonian corals. World Journal of Microbiology and Biotechnology. 29(6): 1107-1116.

Zhang, Q.; Chen, Z.; Li, Y.; Wang, P.; Zhu, C.; Gao, G.; Xiao, K.; Sun, H.; Zheng, S.; Liang, Y. and Jiang, G. 2015. Occurrence of organochlorine pesticides in the environmental matrices from King George Island, west Antarctica. Environmental Pollution. 206: 142-149.

Zuloaga, O.; Etxebarria, N.; Fernández, L.A. and Madariaga, J.M. 2000. Optimization and comparison of MAE, ASE and Soxhlet extraction for the determination of HCH isomers in soil samples. Fresenius Journal of Analytical Chemistry. 367: 733-737.

Printed by Books on Demand GmbH, Norderstedt / Germany